Shrikant Jahagirdar

Reutilização de lamas de fábricas têxteis

Shrikant Jahagirdar

Reutilização de lamas de fábricas têxteis

Reutilização de lamas de fábricas têxteis em blocos sólidos, tijolos de argila queimada, betão e adsorção de corantes

ScienciaScripts

Imprint

Any brand names and product names mentioned in this book are subject to trademark, brand or patent protection and are trademarks or registered trademarks of their respective holders. The use of brand names, product names, common names, trade names, product descriptions etc. even without a particular marking in this work is in no way to be construed to mean that such names may be regarded as unrestricted in respect of trademark and brand protection legislation and could thus be used by anyone.

Cover image: www.ingimage.com

This book is a translation from the original published under ISBN 978-620-8-06538-6.

Publisher:
Sciencia Scripts
is a trademark of
Dodo Books Indian Ocean Ltd. and OmniScriptum S.R.L publishing group

120 High Road, East Finchley, London, N2 9ED, United Kingdom
Str. Armeneasca 28/1, office 1, Chisinau MD-2012, Republic of Moldova, Europe
Printed at: see last page
ISBN: 978-620-8-22801-9

Conteúdo

CAPÍTULO 1

INTRODUÇÃO

1.0 GERAL

A rápida industrialização e urbanização está a provocar um aumento das taxas de produção de resíduos e problemas de eliminação de lamas. As lamas são resíduos sólidos inevitáveis de todas as indústrias geradoras de resíduos líquidos. Devido à insuficiência de terrenos disponíveis e à crescente consciencialização das pessoas, as opções de novos aterros são limitadas. medida que a quantidade de lamas produzidas pelas instalações de tratamento de águas residuais aumenta, a reutilização efectiva e a eliminação segura das lamas torna-se um aspeto realmente significativo da gestão de resíduos. As práticas de aterro e de incineração não são totalmente seguras, uma vez que os lixiviados produzidos pelos aterros causam poluição e os resíduos da incineração são muito difíceis de eliminar.

A qualidade ambiental degrada-se devido a descargas de lamas sem restrições e censuráveis de várias indústrias de base agrícola. A descarga insegura de lamas é uma prática comum em países em desenvolvimento como a Índia. Na Índia, o tratamento dos resíduos é efectuado em menor escala antes da sua deposição em aterro. Embora o sector têxtil e de tinturaria desempenhe um papel vital no desenvolvimento económico da nação, um progresso rápido e não planeado pode levar a um grande impacto nos recursos naturais e na vida humana nas proximidades dos locais de eliminação de lamas.

1.1 NECESSIDADE DE REUTILIZAÇÃO DE LAMAS INDUSTRIAIS

Atualmente, a indústria está a eliminar os seus resíduos sólidos no ambiente sem pré-tratamento. Esta prática resulta num aumento do nível de poluição e produz um impacto ambiental negativo (Muduli et al., 2010). Em grande medida, os materiais de construção como a argila, areia, pedra, cascalho, cimento, tijolo, bloco, azulejos, tinta, madeira e aço estão a ser regularmente utilizados como os principais materiais de construção no domínio da construção. Todos estes materiais foram produzidos a partir de bens regulares actuais e terão muito provavelmente um impacto adverso na natureza devido à sua exploração contínua. Em todo o caso, durante o fabrico dos materiais de construção acima referidos, são invariavelmente emitidas para o ambiente elevadas concentrações de monóxido de carbono, óxidos de enxofre, óxidos de azoto e partículas em suspensão. A libertação destes gases perigosos na natureza terá certamente um impacto negativo em toda a biosfera. Estas emissões tóxicas podem também influenciar o bem-estar humano e as condições de vida (Pappu et al., 2007).

Nas últimas décadas, os preços dos materiais de construção aumentaram consideravelmente. Os preços actuais do cimento e do tijolo em Solapur, na Índia, são de 6 a 7 rupias/kg e de 3,5 a 4 rupias/tijolo, respetivamente. Além disso, o aumento contínuo das taxas de combustível está a influenciar os custos de transporte destes materiais de construção básicos. Por conseguinte, é necessário encontrar substitutos funcionais para os materiais de construção convencionais no sector da construção (Pappu et al., 2007).

A fim de conservar os recursos naturais em vias de esgotamento, a comunidade mundial enfrenta o desafio da reciclagem eficiente dos resíduos sólidos. Para fazer face a este desafio, é necessário um extenso trabalho de investigação e desenvolvimento (I&D). O trabalho de I&D exige uma concentração na exploração de novas aplicações e na maximização da utilização das tecnologias existentes para uma gestão sustentável e ambientalmente correta (Pappu et al., 2007). A utilização de lamas como material de construção não só converte as lamas em produtos úteis, como também ultrapassa as questões ambientais relacionadas com a eliminação. A utilização de lamas em tijolos ou outros materiais de construção imobiliza metais pesados na matriz queimada e oxida a matéria orgânica e destrói os agentes patogénicos durante o processo de cozedura (Baskar et al., 2006). Por conseguinte, é necessária mais atenção para uma eliminação economicamente viável e ambientalmente correta dos resíduos industriais.

1.2 PROBLEMA DA ELIMINAÇÃO DAS LAMAS DAS FÁBRICAS TÊXTEIS

A fábrica de têxteis é a segunda maior indústria de base agrícola na Índia, a seguir à indústria do açúcar. A indústria têxtil leva a cabo um conjunto de processos húmidos e secos durante o processamento ou a conversão de matérias-primas/tecidos em materiais de tecido acabados. Todos estes processos consomem um grande volume de água e produzem fluxos de águas residuais altamente contaminadas. Nas fábricas têxteis, são gerados todos os tipos de resíduos (isto é, líquidos, sólidos e gasosos) e as águas residuais descarregadas da fábrica têxtil são basicamente uma mistura de sólidos orgânicos, coloidais e em suspensão. Os resíduos sólidos envolvem geralmente fibras/fios/algodão provenientes da unidade de fiação, resíduos de tecidos, materiais de embalagem e lamas secas provenientes dos clarificadores das estações de tratamento de efluentes. Os gases são geralmente produzidos por reactores/subprodutos instáveis e os vapores das caldeiras (Krishanan e Giridev, 2010).

As lamas das fábricas de têxteis não podem ser utilizadas como estrume devido à sua natureza química. O tratamento dos resíduos das fábricas de têxteis envolve a adição de coagulantes para remover os sólidos finos em suspensão. É gerada uma enorme quantidade de lamas nas estações de tratamento de efluentes (ETP) e nas estações de tratamento de efluentes comuns (CETP) após o tratamento físico-químico das águas residuais das fábricas de têxteis (Patel e Pandey, 2009). A quantidade de lamas geradas nos clarificadores primários e secundários depende da capacidade dos produtos acabados das fábricas têxteis. As doses mais elevadas de coagulantes e de produtos químicos adicionados durante o tratamento das águas residuais tornam as lamas das fábricas têxteis quimicamente perigosas por natureza. Por conseguinte, as lamas das fábricas de têxteis são classificadas numa categoria tóxica pelas autoridades legais dos países desenvolvidos.

1.3 OPÇÕES DE REUTILIZAÇÃO DISPONÍVEIS PARA LAMAS DE FÁBRICAS TÊXTEIS

Algumas das opções de reutilização disponíveis para as lamas das fábricas têxteis são: a. Reutilização em materiais de construção, tais como (Balasubramanian et al., 2006)

i. Tijolos de barro queimado
ii. Ladrilhos para pavimentos
iii. Tijolos ocos
iv. Blocos maciços
v. Blocos de pavimento
vi. Betão de cimento

b. Reutilização de cinzas de lamas como adsorvente

c. Reutilização como coagulante

A reutilização de lamas no betão é uma boa opção, uma vez que as lamas podem ser utilizadas em grandes quantidades. As alternativas alteradas com lamas não requerem manutenção, exceto no caso de um ambiente agressivo (Badur e Chaudhary, 2008).

1.4 LIMITAÇÕES DA UTILIZAÇÃO DE LAMAS COMO MATERIAL DE CONSTRUÇÃO

Uma investigação alargada demonstrou que as lamas industriais podem ser utilizadas como materiais de construção ou como aditivos em materiais de construção (Ahamadi e Al-Khaja, 2001; Sengupta, 2002; Minocha et al., 2003a; Minocha et al., 2003b; Asavapisit et al., 2005; Demir et al., 2005; Lin e Lin, 2007; Tangchirapat, 2007; Singhal, 2007; Singhal et al., 2008; Singh e Garg, 2008; Garcia, 2008; Badur e Choudhary, 2008; Lee, 2009; Ewais et al., 2009; Choi et al., 2009; Kim, 2009; Muduli et al, 2010; D'souza e Shrihari, 2010; Ismail et al., 2010; Shrinivasan et al., 2010; Singh e Murmu, 2010; Pappu et al., 2011; Balwaik e Raut, 2011; Babu e Kumar, 2012; Lee, 2012; Arsenovic et al., 2012; Chang et al., 2012; Hii et al., 2013;). A utilização de lamas industriais em ou como material de construção representa um grande desafio pelas seguintes razões:

1. Para reutilizar as lamas como material de construção, é necessário um elevado custo de transporte, o que afecta o custo económico global da reutilização.

2. As lamas produzidas pelas indústrias podem não ser de qualidade uniforme devido à alteração das caraterísticas das águas residuais e às doses variáveis de produtos químicos adicionados durante o tratamento dos efluentes

3. Embora existam provas da reutilização de lamas industriais no betão, há falta de conhecimento e, na maioria dos casos, as especificações/normas a adotar não estão disponíveis.

4. Falta de sensibilização das indústrias para a reutilização das lamas industriais.

5. Falta de sensibilização das pessoas para a utilização de materiais de construção alterados com lamas.

6. Por último, a utilização de lamas industriais não é comercializada e promovida de forma agressiva pelo governo ou por qualquer outra agência em grande escala, nem a nível nacional nem internacional (D'Souza e Shrihari, 2010).

1.5 MOTIVAÇÃO E OBJECTIVOS DO TRABALHO DE INVESTIGAÇÃO

As unidades têxteis estão espalhadas por toda a Índia, totalizando 21 076 unidades (Krishanan e Giridev, 2010). Em Maharashtra, as unidades têxteis estão localizadas em cidades como Solapur e Ichalkaranji. Solapur tem um grande número de fábricas têxteis de pequena e média escala que produzem grandes quantidades de lamas como resultado do tratamento de efluentes. A prática comum consiste em adicionar uma variedade de coagulantes químicos para a remoção de sólidos nos clarificadores. As lamas recolhidas dos clarificadores são secas num leito de secagem de lamas. As lamas secas não são biodegradáveis por natureza e, por conseguinte, a maioria das fábricas têxteis elimina as lamas em aterros. Para eliminar a última opção de eliminação, que é o aterro, e para aumentar o consumo a granel de lamas, este estudo foi proposto para verificar a viabilidade de várias opções de reutilização de lamas de fábricas têxteis. Durante o trabalho de investigação, foram examinadas várias opções de reutilização, tais como a reutilização de lamas em materiais de construção (blocos de construção sólidos, tijolos de argila queimada, betão), cinzas de lamas como adsorvente e coagulante para ajudar na remoção de corantes. O resultado deste estudo será benéfico para a indústria e para a sociedade. Os resultados do estudo serão úteis para a conservação dos recursos naturais, como a areia e a argila, com um impacto positivo na economia de custos.

As lamas secas são recolhidas na empresa Somany Evergreen Knits Pvt. Ltd, MIDC, Solapur, estado de Maharashtra, Índia. Atualmente, a indústria pratica a deposição em aterro das lamas secas.

Os principais objectivos do trabalho de investigação são:
1. Caracterizar as lamas da fábrica de têxteis através do estudo da morfologia utilizando as técnicas XRF/XRD e SEM.
2. Avaliar o potencial das lamas das fábricas têxteis para serem reutilizadas em materiais de construção.
3. Estudar a natureza da reutilização de lamas de fábricas têxteis após incineração em várias opções.
4. Otimizar a reutilização das lamas como carvão ativado e coagulante.

1.6 ORGANIZAÇÃO DO TRABALHO DE INVESTIGAÇÃO

Para examinar as várias opções de reutilização das lamas das fábricas de têxteis, é necessário conhecer a composição química das lamas. Após a análise química, tenta-se verificar a viabilidade de várias opções de reutilização. Para atingir os objectivos do trabalho de investigação, o estudo está dividido nas seguintes fases
1. Caracterização de lamas de fábricas têxteis por técnicas instrumentais.
2. Reutilização das lamas em blocos sólidos à base de lamas-cimento (SC), verificação da resistência dos blocos e análise da água utilizada na cura para estudar os efeitos posteriores.
3. Reutilizar as lamas em blocos sólidos à base de lamas-cimento-cinzas de mosca (SCF), verificar a resistência dos blocos e analisar a água utilizada na cura para estudar os efeitos posteriores.
4. Reutilização das lamas como substituto parcial da areia nos graus de betão M20, M25 e M30; verificação das propriedades do betão fresco e endurecido e análise da água utilizada para a cura, a fim de estudar os efeitos posteriores.
5. Reutilização das lamas como substituto parcial da argila nos tijolos de barro queimado, controlo da resistência à compressão, da absorção de água e da eflorescência dos tijolos, de acordo com as disposições do código.
6. Reutilização das cinzas de lamas como adsorvente para diferentes tipos de remoção de corantes (Remazol azul RGB, Remazol amarelo RGB e Remazol vermelho RGB) da água de tingimento.
7. Reutilização das cinzas das lamas como coagulante para a remoção dos corantes acima referidos.

O trabalho de investigação efectuado é apresentado de forma elaborada em seis capítulos da tese. A introdução, a necessidade de reutilização das lamas, os objectivos da investigação e as fases seguidas no trabalho de investigação são abordados no **capítulo 1**. No **capítulo 2**, é apresentada uma revisão da literatura e uma lista de trabalhos realizados em áreas de investigação semelhantes pelos investigadores que serviram de base para os presentes trabalhos de investigação. A metodologia experimental adoptada para atingir os objectivos é discutida em pormenor no **capítulo 3**. Os resultados e a discussão sobre as várias opções de reutilização das lamas das fábricas de têxteis, tais como em blocos sólidos à base de cimento/cinzas volantes, em betão das classes M20, M25 e M30, em tijolos de argila queimada, cinzas de lamas como adsorvente e como coagulante, são discutidos no **capítulo 4**. As conclusões tiradas para as várias opções de reutilização e o âmbito do trabalho futuro são apresentados no **capítulo 5.**

CAPÍTULO 2

REVISÃO DA LITERATURA

2.0 GERAL

A acumulação de resíduos indesejáveis (lamas) é o principal problema nos países em desenvolvimento e tornou-se uma causa de preocupação ambiental. Estas preocupações podem ser parcialmente resolvidas através da reutilização e da reciclagem desses resíduos acumulados. A conversão de resíduos em materiais de construção é uma opção economicamente viável e ambientalmente correta. A utilização desses resíduos em materiais de construção reduzirá o custo dos materiais de construção sem comprometer a resistência estrutural (Rajput et al., 2012).

As lamas são um subproduto inevitável do tratamento das águas residuais. As lamas produzidas pelas estações de tratamento de águas residuais criam o problema da eliminação, que representa uma grande parte do custo total do tratamento de águas residuais. A maior parte das lamas desidratadas é depositada em aterros ou espalhada no solo. Mas, devido à elevada urbanização que resulta em limitações na utilização do solo, a eliminação das lamas por deposição em aterro pode não ser uma opção de eliminação adequada. A existência de normas ambientais rigorosas nos países desenvolvidos e nos países em desenvolvimento também resultou em limitações à opção de deposição em aterro. A incineração é outra opção disponível para o tratamento das lamas. No entanto, a eliminação dos resíduos da incineração (cinzas) também constitui um problema grave. Por conseguinte, a utilização de lamas desidratadas em materiais de construção é uma boa opção para aumentar a utilização das lamas a granel (Tay, 1986; Tay e Show, 1992).

A eliminação das lamas provenientes das estações de tratamento de águas residuais domésticas e das estações de tratamento de efluentes industriais (ETP) constitui um problema importante para qualquer município e indústria, respetivamente. A incineração e a deposição em aterro têm diferentes graus de impacto no ambiente (Malliou et al., 2007).

Foram desenvolvidos diferentes métodos inovadores que ajudam a verificar se um resíduo não é tóxico ou a reduzir o potencial de libertação de substâncias tóxicas na natureza. Estas inovações são regidas pelo tipo de resíduos, pelo custo e pelas medidas legislativas existentes em cada país. Um destes métodos é a solidificação/estabilização através de fixadores de cimento (Minocha et al., 2003a). Os resíduos sólidos, como os resíduos agrícolas, os resíduos inorgânicos, os resíduos mineiros/minerais e alguns resíduos perigosos das indústrias metalúrgica, têxtil e de curtumes, têm potencial para serem utilizados como aditivos em materiais de construção (Pappu et al., 2007; Senthilkumar et al., 2008). Vários estudos mostraram que as lamas de depuração secas em forno (Alleman et al., 1984; Alleman e Stumm, 1990; Athanasoulia et al., 2009), as cinzas de lamas de depuração (Okuno e Takahashi, 1997; Wiesbusch e Seyfried, 1997; Lin e Weng, 2001; Fontes et al., 2004) e as cinzas volantes de incineradores (D'Souza e Shrihari, 2010) podem ser utilizadas como aditivos em materiais de construção.

2.1 REUTILIZAÇÃO DE LAMAS DE DEPURAÇÃO EM MATERIAIS DE CONSTRUÇÃO

As lamas de depuração resultam da acumulação de sólidos resultantes dos processos unitários de coagulação química, floculação e sedimentação durante o tratamento de águas residuais. É uma mistura complexa e variável de substâncias orgânicas e inorgânicas em suspensão e solução aquosa e pode conter agentes patogénicos e parasitas viáveis, bem como uma variedade de elementos e compostos potencialmente tóxicos. É altamente putrescível e requer estabilização para reduzir o odor e a atração de vectores (Cheeseman e Virdi, 2005). Normalmente, as lamas de depuração são um material sólido heterogéneo cuja composição é bastante variável, dependendo não só da origem do efluente a tratar, mas também da tecnologia utilizada durante o seu tratamento (Jorda et al., 2005).

Sempre que se pretenda utilizar as lamas de depuração no fabrico de tijolos, a influência das proporções/conteúdo de lamas nas matérias-primas, a temperatura em relação às qualidades dos tijolos e a lixiviação de metais são os parâmetros importantes a analisar. Alleman e Berman (1984) utilizaram lamas secas no forno para fabricar "Bio Bricks". As lamas, em substituição da argila, foram adicionadas durante o fabrico dos tijolos. A percentagem máxima de lamas adicionadas foi de 30%. Os resultados mostraram que a densidade e a resistência à compressão diminuíam à medida que a percentagem de lamas nos tijolos aumentava. Weng et al. (2003) utilizaram lamas de depuração como material para tijolos. Neste estudo, as lamas de depuração foram adicionadas aos tijolos até 20% e os tijolos foram cozidos a uma temperatura de 880^0 -1000^0 C. Observou-se que os tijolos cozidos cumpriam os requisitos das normas regulamentares. O teste TCLP efectuado mostrou uma presença reduzida de metais pesados. A combinação óptima recomendada foi 10% de lamas com 24% de humidade e uma temperatura de queima de 880-960° C. Paya et al. (2004) fabricaram pellets de lamas de depuração (SSP) derivados de lamas de depuração secas. Para o estudo, foram adquiridas cinzas de lamas de depuração (SSA), um subproduto da incineração de lamas de águas residuais. Inicialmente, a areia foi substituída por SSP (6,1% em peso seco). Foi também adicionado à mistura um agente acelerador de endurecimento, para obter um betão com caraterísticas de resistência semelhantes às do betão de cimento simples. Na segunda parte do estudo, a SSP foi utilizada como material de substituição na formulação da mistura crua no fabrico de cimento Portland. O estudo revelou que o calcário podia ser substituído por SSP (11% em peso seco) na mistura crua com alterações mínimas nas percentagens dos restantes ingredientes. Na terceira parte do estudo, foi investigado o comportamento pozolónico da cinza de lamas de depuração (SSA). Os resultados mostraram que a viabilidade da substituição fraccionada de cimento por SSA é possível até 30%.

A utilização a granel das lamas de depuração pode ser aumentada se forem utilizadas juntamente com o cimento em materiais de construção (Valls e Vazques, 2000). Quando as lamas secas de uma estação de tratamento são utilizadas juntamente com o cimento, torna-se necessário avaliar as propriedades físicas e especialmente as propriedades mecânicas dos betões que contêm lamas secas. Valls et al. (2004) relataram que a adição de lama seca no cimento altera as propriedades físicas e químicas da mistura endurecida. Foi referido que um teor de lamas superior a 10% não pode ser utilizado, uma vez que atrasa o tempo de presa do cimento. Registaram que, para os betões com adição de lamas, a resistência à compressão aumentava com o aumento do teor de lamas. A deformabilidade do betão também aumentou com o aumento do teor de lamas. É necessário investigar os efeitos da substituição da argila por lamas de depuração em diferentes proporções nas propriedades tecnológicas de um material cerâmico. Por isso, Jorda et al. (2005) utilizaram material argiloso presente nas lamas de depuração para fabricar telhas de cimento. Foi referido que, se este material argiloso for utilizado como substituto na produção de cerâmica tradicional, poderá poupar dinheiro devido à utilização de resíduos como matéria-prima secundária. Por outro lado, poderia ajudar a resolver os problemas ecológicos associados a esses resíduos. Para o estudo, a caraterização das lamas foi efectuada através da técnica de fluorescência de raios X (XRF). Verificou-se que ocorreu a imobilização de metais pesados e que a absorção de água aumentou com o aumento da percentagem de lamas.

Y';iguc' et al. (2005) investigaram a durabilidade do betão com a adição de lamas secas provenientes de estações de tratamento de águas residuais. Observou-se que a adição de lamas reduziu a resistência mecânica do betão. A adição de lamas para além de 10% tornou-as um aditivo inadequado para o betão, especialmente para betão armado e pré-esforçado. Diaz et al. (2011) demonstraram que as lamas de águas residuais processadas, juntamente com areia de sílica e mármore, podem ser utilizadas para melhorar as propriedades mecânicas dos betões. Durante o estudo, o teor de ligante (cimento) e a relação água/ligante (W/C) foram de 450 kg/m^3 e 0,75, respetivamente. As lamas húmidas foram substituídas por água. As lamas no seu estado líquido foram submetidas a um tratamento de coagulação e depois a um tratamento eletroquímico a diferentes valores de pH. Para melhorar as propriedades mecânicas dos betões, foram adicionados mármore e areia de sílica. Uma maior percentagem de areia de sílica e de partículas de mármore criou menos espaço no betão e, consequentemente, a resistência à compressão e a tensão de compressão aumentaram. A resistência à compressão do betão com areia de sílica e mármore, mas sem lamas, situou-se entre 9,7 e 12,3 MPa, mas quando as lamas foram adicionadas, a resistência situou-se entre 4,3 e 9,7 MPa. Isto indicou que as propriedades mecânicas do betão dependem da areia de sílica, do mármore e da concentração de lamas. Os resultados indicaram que houve um efeito nas propriedades mecânicas do betão quando a proporção de lamas no betão aumentou.

Malliou et al. (2007) examinaram uma opção adequada para a eliminação final das lamas de depuração das estações de tratamento de águas residuais urbanas. Durante os ensaios experimentais, foram preparados vários compósitos misturados de lamas-cimento-cloreto de cálcio e hidróxido de cálcio. Os melhores resultados foram obtidos para as amostras que continham 3% de CaCl2 e 2% de Ca(OH)2. O tempo de presa das amostras foi o mesmo que o do cimento de alta alumina. O cloreto de cálcio e o hidróxido de cálcio foram utilizados para atuar como aditivos aceleradores. Foram utilizadas técnicas instrumentais avançadas como a difração de raios X (XRD), TG-DTA (análise termogravimétrica e térmica diferencial) e SEM (microscópio eletrónico de varrimento) para verificar a presença de produtos de hidratação. Os espécimes foram testados para determinação do tempo de presa e da resistência à compressão após 28 dias. Adicionalmente, de modo a registar a sustentabilidade ambiental dos materiais acima listados, foram realizados testes de Procedimento de Lixiviação de Caraterísticas de Toxicidade (TCLP) e CEN/TS 14405. O teste CEN/TS 14405 destina-se à caraterização de resíduos, testes de comportamento de lixiviação e teste de percolação de fluxo ascendente
(sob condições especificadas), [CEN/TS 14405, (2004)]. Os dados obtidos a partir destes ensaios foram utilizados para comparar a concentração de metais pesados com as normas internacionais.

É possível solidificar e estabilizar as lamas de depuração das estações de tratamento de águas residuais numa matriz de cimento Portland. Cheilas et al. (2007) utilizaram lamas de depuração para misturar com cimento e precipitado de jarosite/alunite (J/A) para desenvolver materiais de construção inovadores. O precipitado J/A é um subproduto residual resultante de procedimentos hidrometalúrgicos. Foram utilizados dois métodos para o endurecimento dos produtos estabilizados/solidificados: (1) em condições laboratoriais e (2) em condições aceleradas (tratamento em autoclave). O teste TCLP efectuado mostrou que havia uma elevada percentagem de retenção de metais pesados nas fases cimentícias. A retenção de moléculas de metais pesados no cimento Portland hidratado pode dever-se a uma combinação de mais do que um processo. Lin et al. (2012) realizaram um estudo utilizando lamas de esgotos municipais como aditivos para a produção de cimento ecológico. Foram utilizadas matérias-primas como calcário, xisto, ferro, cinzas volantes e pó de areia para fabricar o eco-cimento. O teor de lamas de depuração variou entre 0, 0,5, 1,0, 1,5, 2,0, 2,5, 3,0, 5,0, 8,0, 10,0, 12,0 e 15,0% das matérias-primas (em peso), respetivamente. As amostras de eco-cimento foram queimadas a 1450° C durante 2 horas. Os resultados da caraterização, utilizando as técnicas XRD e SEM, mostraram que os principais ingredientes dos clínqueres de eco-cimento eram compatíveis com o cimento Portland comum. As pastas de eco-cimento mostraram um tempo de presa inicial e final mais longo à medida que o teor de lamas aumentava. Observou-se que houve uma queda na resistência à flexão com o aumento do teor de lama.

As lamas de depuração são constituídas por uma grande proporção de matéria orgânica. Por conseguinte, a quantidade máxima de lamas que pode ser utilizada no cimento, no eco-cimento, nas telhas cerâmicas e nos tijolos de argila é limitada a cerca de 10% em peso. Por conseguinte, se as lamas de depuração forem incineradas, o conteúdo orgânico pode ser eliminado e as propriedades químicas podem ser alteradas de modo a aumentar a utilização a granel em diferentes materiais de construção. Esta transformação também ajuda a aumentar significativamente as propriedades mecânicas dos materiais manufacturados.

2.2 REUTILIZAÇÃO DE CINZAS DE LAMAS DE DEPURAÇÃO EM MATERIAIS DE CONSTRUÇÃO

Uma das alternativas para aumentar o potencial de reutilização das lamas de depuração é a sua incineração, o que conduz a uma importante redução de volume. As cinzas de lamas de depuração resultantes podem ser colocadas em aterros controlados ou utilizadas na construção para melhorar determinadas propriedades dos materiais de construção (Monzo et al., 2003).

A reutilização de cinzas de lamas de depuração em materiais de construção pode ser classificada em

i. Reutilização em tijolos e telhas de barro queimado
ii. Reutilização em argamassas de cimento
iii. Reutilização em betão e fabrico de agregados

2.2.1 Reutilização de cinzas de lamas de depuração em tijolos e telhas de barro queimado

Quando as lamas de depuração foram inflamadas numa mufla a temperaturas entre 600° C e 1000° C, a matéria orgânica presente nas lamas volatilizou-se e formaram-se cinzas de lamas (Wiebusch e Seyfried, 1997). A investigação experimental levada a cabo por Okuno e Takahashi (1997) mostrou que as cinzas de lamas podem ser utilizadas até 100% no fabrico de tijolos. A resistência à compressão dos tijolos de cinza de lamas registada foi 2 a 6 vezes superior à dos tijolos de argila normais. Estes estudos indicam que, se as lamas forem utilizadas em tijolos não cimentícios, podem contribuir para a resistência.

Quando as cinzas de lamas de depuração são utilizadas no fabrico de tijolos, a temperatura de cozedura afecta a resistência à compressão dos tijolos (Lin e Weng, 2001; Baskar et al., 2006). Lin e Weng (2001) descobriram que, quando os tijolos foram cozidos a 1000° C durante um período de cozedura de 6 horas, os tijolos cumpriram o requisito de 150 kg/cm^2, de acordo com as normas chinesas destinadas a verificar a resistência à compressão. A percentagem recomendada de teor de cinzas era de 20 a 40% em peso, com 13 a 15% de teor de humidade ideal para o fabrico de tijolos. O estudo mostrou que as cinzas de lamas pulverizadas podem ser utilizadas como material de tijolo. Os resultados também indicaram que a força de ligação poderia ser melhorada através do controlo das condições experimentais no laboratório. As cinzas de lamas de depuração incineradas (ISSA) podem ser utilizadas em produtos de construção à base de argila. Anderson (2002) utilizou ISSA em operações de fabrico de tijolos para poupar energia e conservar a matéria-prima. Anderson utilizou duas matérias-primas diferentes para o fabrico de tijolos juntamente com ISSA. A caraterização das matérias-primas e do ISSA indicou que o teor de quartzo (SiO_2) do ISSA era menor do que o das matérias-primas. A adição de ISSA melhorou a resistência do tijolo a seco, reduziu os danos do tijolo durante o manuseamento no estado não cozido e melhorou a vitrificação. Um dos inconvenientes do estudo foi o facto de a adição do agente anti-escória durante o fabrico dos tijolos poder aumentar o custo de produção.

Cheeseman e Virdi (2005) prepararam pellets esféricos misturando cinzas de lamas de depuração com um aglutinante de argila e depois sinterizaram rapidamente num forno tubular rotativo a temperaturas entre 1020 e 1080° C. As propriedades dos pellets foram comparadas com as propriedades de um agregado leve disponível no mercado. As cinzas de lamas de depuração (SSA) sinterizadas a temperaturas mais elevadas apresentaram densidades mais baixas do que os agregados leves. A SSA também apresentou baixa absorção de água quando queimada entre 1050 e 1080° C. As principais fases cristalinas observadas tanto nas lamas de depuração recebidas (originais) como nas cinzas de lamas de depuração sinterizadas foram o quartzo (SiO_2), o mineral fosfato de cálcio e magnésio whitlockite ($Ca_7Mg_2P_6O_{24}$) e a hematite (Fe_2O_3). Os resultados revelaram que existe um enorme potencial para o fabrico de agregados leves e de alta qualidade a partir das cinzas estéreis e inertes produzidas pela incineração das lamas de depuração.

Se as lamas das águas residuais forem queimadas a 850° C, podem ser produzidas cinzas de lamas de depuração (SSA). A SSA assim produzida foi utilizada por Cyr et al. (2007) em argamassas de cimento. Os resultados mostraram que a argamassa alterada com lamas apresentava uma resistência 25 a 50% menor em comparação com as argamassas normais. Chen e Lin (2009a) estudaram as aplicações de cinzas de lamas de depuração e nano SiO2 no fabrico de azulejos como material de construção. Durante os ensaios, várias porções de argila de oleiro e argila de porcelana foram substituídas por cinzas de lamas de depuração incineradas (ISSA) para fabricar amostras de ladrilhos. As percentagens de substituição de ISSA nos materiais à base de porcelana ou de argila de oleiro variaram entre 0% e 50%, e as fracções de aditivos de nano-SiO2 adicionadas foram de 0% a 3%. Foram utilizadas diferentes combinações de argila, ISSA e aditivos para o fabrico de amostras de ladrilhos. As amostras de ladrilhos foram sinterizadas a temperaturas de forno de 1000° C e 1100° C. As composições químicas dos espécimes de telha foram caracterizadas pela técnica XRD. Os resultados obtidos mostraram que o valor de absorção de água dos ladrilhos à base de porcelana e de barro de oleiro diminuiu quando as amostras foram cozidas a temperaturas elevadas do forno. Athanasoulia et al. (2008) utilizaram uma mistura de solo convencional e de lamas activadas em pó (PAS) em materiais cerâmicos. Ao variar a percentagem de PAS até 8% em peso, foram preparados materiais cerâmicos. Quando a percentagem de PAS foi aumentada em mais de 2%, foi registada uma redução de peso de 4-7% e um aumento da porosidade de 10-15%. A resistência alcançada pelos tijolos e telhas queimados é regida pela temperatura de cozedura. Zhou et al. (2013) examinaram a possibilidade de utilizar a lama de esgoto municipal bruta (MSS) da estação de tratamento de águas residuais domésticas como material de construção. Através de uma série de operações, as lamas e as matérias-primas foram moídas por bolas, prensadas por filtro, moídas por pug, moldadas por extrusão, secas e cozidas para obter telhas divididas. Os resultados experimentais demonstraram que o teor máximo possível do MSS bruto era de 60% em peso. A resistência à flexão correspondente e a absorção de água das amostras de telhas divididas cozidas a 1210° C foram de 25,5 MPa e 1,14% em peso, respetivamente. Um teste TCLP demonstrou que as amostras são sustentáveis do ponto de vista ambiental. Weng et al. (2003) e Baskar et al. (2006) referiram que, quando as cinzas de lamas de depuração foram utilizadas no fabrico de tijolos, a temperatura de cozedura afectou a resistência à compressão dos tijolos. Weng et al. (2003) verificaram que, a uma temperatura de cozedura de 1000° C, a resistência à compressão estava de acordo com as normas após a adição de 20 % de cinzas de lamas.

2.2.2 Reutilização de cinzas de lamas de depuração em argamassa de cimento

Monzo et al. (1996) utilizaram cinzas de lamas de depuração (SSA) como aditivos de cimento em argamassas. O estudo revelou que houve um ganho na resistência à compressão quando a percentagem de SSA no betão aumentou. O estudo concluiu que este aumento da resistência se deveu provavelmente à ação pozolónica. A influência da finura das cinzas de lamas de depuração nas propriedades das argamassas foi estudada por Pan et al. (2003b). As cinzas de lamas de depuração finamente moídas foram adicionadas à argamassa até 20% do cimento Portland. A resistência à compressão não se alterou significativamente mesmo após a substituição do OPC por SSA em 10%. O aumento da finura da SSA aumentou a trabalhabilidade da argamassa. A resistência à compressão da argamassa aumentou com o aumento da finura da SSA, principalmente devido ao aumento da atividade pozolónica. Chen e Lin. (2009b) realizaram ensaios experimentais com cinzas de lamas de depuração incineradas (ISSA), misturando-as com cimento numa proporção fixa de 4:1. A mistura é efectuada de modo a que a mistura possa ser utilizada como estabilizador para melhorar a qualidade do solo macio, coeso e de sub-base. Para o estudo, foram preparadas cinco proporções diferentes (em percentagem de peso: 0%, 2%, 4%, 8% e 16%) de ISSA/cimento. Estas misturas foram misturadas com solo coesivo para fazer amostras de solo. Os resultados indicaram que a resistência à compressão não confinada dos espécimes com a adição de ISSA/cimento é aumentada para cerca de três a sete vezes mais do que a do solo não tratado. Além disso, o comportamento de inchamento também foi efetivamente reduzido de 10% para 60% para essas amostras. Em algumas amostras, o aditivo ISSA/cimento melhorou os valores de CBR até 30 vezes mais do que o solo não tratado. Os resultados deste estudo indicam que o ISSA/cimento tem um enorme potencial de aplicação no domínio da engenharia geotécnica.

2.2.3 Reutilização de cinzas de lamas de depuração no betão e na produção de agregados

A incineração converte as lamas de depuração em cinzas de lamas comparativamente inertes. Por conseguinte, podem ser utilizadas no betão e no fabrico de agregados leves. Tay (1989) utilizou cinzas de lamas pulverizadas (PSA) como aditivo no fabrico de betão. A PSA foi utilizada como substituto parcial do cimento. As águas residuais recuperadas também foram utilizadas para misturar estas misturas de betão. Os resultados mostraram que a trabalhabilidade do betão fresco aumentou com o aumento do teor de PSA. Além disso, os tempos de presa inicial e final aumentaram com o aumento da percentagem de PSA adicionada. Para além de 10% de adição de PSA, a resistência à compressão do betão diminuiu para 40%. Mun (2007) preparou agregados leves utilizando lamas de depuração para betão não estrutural. Os agregados leves foram preparados com vários ensaios de proporções mássicas de argilas para lamas de depuração através da cozedura num forno rotativo. As amostras foram testadas relativamente a parâmetros básicos como a densidade, a absorção de água, a perda por abrasão, o valor de esmagamento e a lixiviação de metais pesados. Foi recomendado 75% do teor de lamas para o betão não estrutural.

Fontes et al. (2004) queimaram lamas de depuração em condições controladas e caracterizaram-nas química, física e mineralogicamente. Para além disso, foi verificado o seu impacto ambiental através de uma série de ensaios de lixiviação. Foram preparadas argamassas e betões de desempenho normal e elevado contendo 5 a 30% de cinzas de lamas de depuração como substituto do cimento. Foram também efectuados ensaios de sorptividade e capacidade de absorção de água. Para verificar a imobilização dos poluentes originalmente detectados nas cinzas de lamas de depuração, foram efectuados ensaios de lixiviação em amostras de betão. Além disso, verificou-se que a matriz de betão imobilizou os poluentes inicialmente presentes nas cinzas de lamas de depuração. Num estudo realizado por Jamshidi et al. (2012), as lamas de depuração foram utilizadas em misturas de betão até 30%, substituindo o cimento nas misturas de betão. Ao utilizar lamas de ETP da indústria de tinturaria e cimento Portland normal (OPC), foi preparado um material de construção alternativo. O material (agregados) preparado foi utilizado como substituto de agregados em misturas de betão e as resistências à compressão obtidas estavam de acordo com as normas BIS.

2.3 REUTILIZAÇÃO DE LAMAS DE ESTAÇÕES DE TRATAMENTO DE ÁGUAS EM MATERIAIS DE CONSTRUÇÃO

As lamas da estação de tratamento de águas são constituídas por hidróxidos de alumínio e sedimentos sedimentados. As lamas da estação de tratamento de águas foram utilizadas no fabrico de tijolos de argila queimada, substituindo a argila por lamas da ETA por Ramdan et al., (2008). Neste estudo, foram estudadas quatro séries diferentes de proporções de lamas e argila, que envolveram a adição de lamas com proporções de 50, 60, 70 e 80 por cento do peso total da mistura de lamas e argila. Cada proporção de mistura envolveu a cozedura de tijolos a temperaturas elevadas de 950, 1000, 1050 e $1100°$ C, respetivamente. As propriedades físicas dos tijolos produzidos foram avaliadas. O rácio ideal de lamas, relatado foi de 50%. Chiang et al. (2009) prepararam novos tijolos de construção leves a partir de lamas de estações de tratamento de águas e resíduos agrícolas (casca de arroz), controlando a temperatura óptima de sinterização. A densidade aparente dos tijolos diminuiu significativamente com o aumento da adição de casca de arroz e a diminuição da temperatura de sinterização. Os tijolos sinterizados a 1050^0 C e com um rácio de adição de casca de arroz inferior a 20% cumpriram os requisitos relevantes do código de construção de Taiwan (critérios de tijolos de construção tradicionais de Taiwan). A quantidade de poros desenvolvidos foi maior para os tijolos com lamas de ETA e com adição de casca de arroz do que para os tijolos com adição de lamas de ETA.

Lin et al. (2009) utilizaram cinzas de lamas de depuração de água (WPSA), cinzas de lamas de esgotos primários (PSA), cinzas de lamas de águas residuais industriais (IWSA), calcário e ferrato para a produção de Eco-cimento. As pastas de eco-cimento preparadas apresentaram um desempenho satisfatório em comparação com o cimento convencional. As principais conclusões do estudo foram: os mesmos tempos de fixação inicial e final, resistências à compressão e grau de hidratação que as pastas de cimento Portland normal (OPC). Foi referido que a quantidade máxima de lamas que pode ser adicionada ao eco-cimento é de 20%.

As lamas das albufeiras também podem ser utilizadas para o fabrico de tijolos. Chiang et al. (2008) efectuaram estudos sobre a praticidade dos tijolos de construção fabricados a partir de sedimentos de reservatórios. As amostras foram preparadas utilizando várias adições de argila e sinterizadas a diferentes temperaturas. Os resultados experimentais revelaram que, a temperaturas de sinterização de 1050-1100° C, ocorreu a sinterização dos espécimes e a densificação. A absorção de água diminuiu com o aumento da temperatura de sinterização. O aumento da temperatura de sinterização também mostrou que a retração, a densidade e a resistência à compressão dos espécimes sinterizados aumentaram. Foi mantida uma gama de temperaturas de 1050 a 1150° C para todos os ensaios experimentais, com teores de adição de argila que variam de 0% a 20%. Noutro estudo realizado com lamas de reservatórios, Kuo e Huang (2010) mostraram que as propriedades das lamas podem ser alteradas naturalmente por uma reação de troca catiónica, após o que podem ser utilizadas como uma porção de agregados finos em argamassas de cimento. Foi utilizada uma série de técnicas de análise instrumental, nomeadamente a análise termogravimétrica (TGA), a espetroscopia de infravermelhos com transformada de Fourier (FTIR), a espetroscopia de raios X com dispersão de energia (EDS) e a DRX para analisar a estrutura química e as propriedades das lamas de reservatório organicamente modificadas (OMRS). Verificou-se que a resistência à compressão da argamassa misturada com 5% de OMRS era superior à da argamassa normal de cimento simples.

É possível utilizar as lamas de depuração de água (LAP) como substituto do material silicioso na produção de cimento. Chen et al. (2010) examinaram as lamas de depuração de água (LPA) utilizando várias técnicas, como a difração de raios X e a análise da cal livre. Além disso, também foram efectuados testes de resistência à compressão e TCLP. A quantidade máxima de WPS adicionada sem comprometer a resistência à compressão a 28 dias é de 10% em peso. Um dos resultados dignos de nota do estudo foi o facto de os metais pesados terem sido completamente incorporados nos clínqueres e não terem sido detectados no lixiviado. Isto deu uma indicação de que os metais pesados foram imobilizados. Mais tarde, Sales et al. (2010) demonstraram que o betão compósito leve podia ser produzido utilizando lamas de tratamento de água e pó de serra. Durante o estudo, o compósito foi preparado através da mistura de lamas de tratamento de água secas e finamente moídas com água e pó de serra. Esta mistura foi moldada em pellets artesanais arredondados com um diâmetro de 14 mm. A proporção em massa de pó de serra, lamas e água era, respetivamente, 1:6:4,5. Num outro estudo realizado por Sales et al. (2011), verificou-se que o compósito feito de lamas de tratamento de água e serradura pode ser aplicado no betão como agregado grosso leve. As lamas secas e moídas foram misturadas com água e serradura e moldadas à mão em pellets arredondados com um diâmetro de 14 ± 2 mm para fazer compósitos. A relação de massa adoptada para a produção de compósitos utilizando serradura, lamas e água foi de 1:6:4,5. Durante os ensaios experimentais foi feito o proporcionamento do betão com proporções mássicas de cimento: areia: compósito (mistura de serradura e óleo de linhaça fervido): água de 1:2,5:0,67:0,6. O betão produzido com o compósito apresentou uma massa específica aparente de 1847 kg/m^3 e uma resistência média à compressão axial de 11,1 MPa, caracterizando-se como um betão leve não estrutural. O betão apresentou ainda uma resistência à tração diametral de 1,2 MPa e uma absorção de água de 8,8%. Rodriguez et al. (2010) demonstraram a utilização de lamas de estações de tratamento de água potável na indústria cimenteira. Os investigadores efectuaram a caraterização das lamas atomizadas, uma vez que estas eram susceptíveis de afetar as propriedades físicas e mecânicas dos materiais cimentícios. A análise do estudo de caraterização das lamas atomizadas revelou a presença de 12-14% de matéria orgânica, 2-4% de humidade, moscovite (25,9%), quartzo (11,6%), calcite

(16,7%), dolomite (3,1%) e serafinite (4,6%), anortoclase (2,3%) e 35% de material amorfo. Esta caraterização permitiu comparar os componentes activos nas reacções pozolónicas, ou seja, SiO_2 e Al_2O_3, com a composição da SSA. O cimento Portland foi misturado em proporções de 10 a 30% com lamas atomizadas. A mistura apresentou uma resistência mecânica inferior à do cimento e uma diminuição do abatimento. O estudo mostrou que a substituição parcial do cimento por lamas levou a uma redução considerável da taxa de hidratação. A adição de lamas até 10% foi recomendada sem comprometer os requisitos de resistência à compressão.

A adição de cinzas de lamas de depuração em materiais de construção proporciona uma boa resistência à compressão em comparação com as lamas de depuração. Mas há alguns aspectos a ter em conta quando se pretende utilizar as cinzas de lamas em grande escala. A conversão de lamas de depuração em cinzas de lamas em grandes quantidades requer fornos de grandes dimensões e um elevado consumo de eletricidade. Além disso, será necessário um tempo considerável para efetuar esta transformação. Embora os resultados do estudo de reutilização das cinzas de lamas sejam encorajadores em comparação com as lamas de depuração, o custo de conversão devido aos grandes fornos e ao consumo de energia não pode ser negligenciado.

2.4 REUTILIZAÇÃO DE LAMAS INDUSTRIAIS EM MATERIAIS DE CONSTRUÇÃO

A reutilização de materiais cimentícios suplementares é globalmente reconhecida devido à enorme margem de manobra disponível no fabrico de compósitos de betão e pode acabar por ajudar a economia em geral. As lamas industriais podem ser utilizadas para o fabrico de tijolos, argamassas de cimento, telhas, pellets, agregados leves e betão. Os pellets são plataformas horizontais rígidas que são facilmente transportadas com recurso a equipamento especial. Servem para armazenar, empilhar, manusear e transportar mercadorias como uma carga unitária. São utilizados diferentes materiais para a produção de paletes, tais como madeira maciça, compósitos à base de madeira, papel, plástico e metal (Kim et al., 2009). Para conseguir a solidificação/estabilização das lamas industriais, o cimento como aglutinante é a melhor alternativa (Badur e Chaudhary, 2008). Badur e Chaudhary (2008) referiram que, para o tratamento de resíduos perigosos e subprodutos, a solidificação através da utilização de cimento é a melhor tecnologia demonstrada (TBDT). Além disso, se o cimento for utilizado como aglutinante, os metais pesados podem ser fixados quimicamente, mas os sais não podem ser fixados. O cimento como aglutinante pode ser efetivamente utilizado para imobilizar metais pesados em lamas de resíduos inorgânicos (Felix et al., 2001).

2.4.1 Reutilização de lamas industriais em tijolos

As lamas industriais têm potencial para serem utilizadas em materiais de construção. Demir et al. (2005) investigaram o potencial de utilização de resíduos da produção de pasta de papel kraft no fabrico de tijolos de barro. Durante os ensaios, foram adicionadas quantidades crescentes de resíduos (0%, 2,5%, 5% e 10% em peso) ao tijolo de argila cru. Todas as amostras foram cozidas a 900^0 C. Foram estudados os efeitos na moldagem, plasticidade, densidade e propriedades mecânicas. Verificou-se que as adições de 2,5 a 5% de resíduos eram eficazes para a formação de poros no corpo da argila com propriedades mecânicas aceitáveis, em conformidade com os requisitos da Turkish Standard Institution (TS 705). O código turco especifica um requisito de resistência de 5MPa. Observou-se que a natureza fibrosa do resíduo não cria qualquer problema de extrusão. Muduli et al. (2010) utilizaram resíduos mineiros e industriais para o fabrico de tijolos de construção a frio. Os tijolos fabricados atingiram uma resistência de 80-150 kg/cm^2 . Foi referido que o custo total de produção destes tijolos variava entre 2,20 e 2,40 Rs/tijolo. Sengupta et al. (2002) fabricaram tijolos de barro a partir das lamas da estação de tratamento de petróleo. O estudo investigou a influência da adição de lamas no comportamento de plasticidade da mistura crua de tijolos. A adição de lamas da estação de tratamento de petróleo reduziu consideravelmente a necessidade de água de processo e de combustível. Estes tijolos satisfazem todos os requisitos de resistência de acordo com as normas indianas. Os resultados do TCLP revelaram uma quantidade muito insignificante de presença de metais pesados. O resultado do estudo indica que o problema da eliminação das lamas da ETP pode ser resolvido através da sua utilização no fabrico de tijolos de alvenaria.

As lamas da indústria de galvanização podem ser utilizadas no fabrico de tijolos. Neste estudo, os tijolos foram cozidos a $1020°$ C. Os testes de lixiviação mostraram que uma quantidade negligenciável de metais pesados foi lixiviada da estrutura do tijolo. Os tijolos fabricados com 6% de lama e 94% de argila apresentaram maior absorção de água em comparação com os tijolos com 3% de lama e 97% de argila (Arsenovic et al., 2012). Para resolver o problema da eliminação das lamas da fábrica de papel, Ismail et al. (2010) fabricaram tijolos a partir de lamas de papel e de cinzas de combustível de petróleo. Verificou-se que os tijolos fabricados com a incorporação de 20% de lamas de papel e 20% de cinzas de óleo de palma (POFA) no cimento proporcionavam uma resistência à compressão superior ao requisito padrão de 7 MPa. A capacidade de absorção de água dos tijolos de lama de papel-POFA foi de 39,6%, o que foi relativamente elevado quando comparado com um requisito normal de tijolos de 20%. Os tijolos de lama de papel-POFA apresentaram uma redução de peso de 26,1% em comparação com os tijolos normais. Foi recomendado que este tipo de lamas pudesse ser utilizado em paredes divisórias de alvenaria.

Os tijolos compósitos podem ser preparados a partir da reciclagem de resíduos de vários sectores (Pappu et al., 2011). Os tijolos foram preparados através da combinação de resíduos de jarosite da indústria do zinco, resíduos de combustão de carvão (CCR) e resíduos de processamento de mármore (MPR). Os tijolos fabricados a partir da combinação acima referida apresentaram uma resistência à compressão de 35 kg/cm^2. O teste TCLP efectuado para detetar a presença de metais pesados confirmou valores mais baixos de metais pesados em comparação com as normas internacionais. De acordo com o trabalho de investigação levado a cabo por Hii et al. (2002), quando as lamas de dessalinização foram utilizadas no fabrico de tijolos, a resistência à compressão diminuiu com o aumento do teor de lamas de dessalinização secas, em comparação com os tijolos normais (0% de lamas). A resistência média à compressão diminuiu de 8 MPa para 3 MPa e 2 MPa para os tijolos com 0%, 10% e 20% de lamas, respetivamente. Registou-se um aumento da absorção de água com o aumento do teor de lamas.

2.4.2 Reutilização de lamas industriais em cimento, argamassas, ladrilhos e pellets

O cimento Portland, as cinzas volantes e a cal foram utilizados como aglutinantes para solidificar lamas sintéticas de metais pesados contendo nitratos de Crómio (Cr), Níquel (Ni), Cádmio (Cd) e Mercúrio (Hg) por Minocha et al. (2003a). O cimento Portland, a cal e as cinzas volantes foram adicionados como agentes solidificadores. Observou-se que, se os metais pesados estivessem presentes em grande quantidade, a densidade aparente e a resistência à compressão do produto solidificado aumentavam. Quando o cimento Portland, a cinza volante de cimento e a cinza volante de cal foram utilizados para solidificar lamas sintéticas de metais pesados, os efeitos dos constituintes orgânicos, tais como óleo, gordura, tricloroetileno, hexaclorobenzeno e fenol, foram estudados por Minocha et al. (2003b).

Quando são adicionados materiais orgânicos, verificou-se que a resistência à compressão e a densidade diminuíram drasticamente em comparação com as misturas convencionais

Lin e Lin (2005) estudaram as caraterísticas de hidratação das cinzas de lamas residuais, utilizando-as como material bruto no cimento. Os resultados obtidos demonstraram que as cinzas de lamas de depuração e os resíduos de siderurgia podem ser utilizados até 20% do segmento mineral do cimento bruto. Durante o estudo, foram preparados três tipos de cimentos ecológicos. Três eco-cimentos mostraram a presença de hidróxido de cálcio [$Ca(OH)_2$] e hidratos de silicato de cálcio (CSH) durante o processo de hidratação. Os resultados da análise térmica indicaram que a hidratação foi prolongada até 90 dias, com o aumento da quantidade de $Ca(OH)_2$ e CSH. A utilidade do eco-cimento foi confirmada pela resistência à compressão e pelas avaliações microestruturais. Asavapisit et al. (2005) efectuaram ensaios experimentais sobre a solidificação de lamas de galvanização estabilizadas com zinco-cianeto, utilizando cimento Portland normal e cinza de combustível pulverizada (PFA) como ligantes de solidificação. A lama de galvanização foi utilizada até 0 a 30% em peso seco e o PFA foi utilizado para substituir o OPC em 0 a 30% em peso seco, respetivamente. Os resultados mostraram uma queda considerável na resistência quando o PFA foi adicionado ao cimento. Os testes TCLP para o Cr demonstraram que houve uma lixiviação menor em comparação com as normas regulamentares. Singh e Garg (2008) utilizaram lamas de cal residuais (giz) obtidas da indústria de fertilizantes como material de construção. A lama de cal foi adicionada como constituinte em cimento de alvenaria, como matéria-prima para ladrilhos e composto de resíduos de cal com surkhi/cinzas de mosca para fazer misturas de pozolana/argamassas compostas.

Garcia et al. (2008) demonstraram o potencial das lamas de destintagem de papel como material bruto para a produção de um produto com atividade pozolónica. As lamas de destintagem de papel foram convertidas num aditivo pozolónico através da sua incineração a uma temperatura de 700° C durante 2 horas. Nestas condições, a matéria orgânica volatilizou-se e as lamas calcinadas tornaram-se activas, transformando a caulinite em metacaulinite. A maior atividade pozolónica foi exibida pelo produto calcinado. Um resultado digno de nota do estudo foi que, quando 10% de lama de papel calcinada é misturada com o cimento Portland padrão, houve um aumento na resistência à compressão a partir de 7 dias. Lee (2009) efectuou um estudo sobre a reciclagem de cinzas volantes de incineradores municipais, escórias e lamas de resíduos de semicondutores como aditivos em argamassas de cimento. As principais observações deste estudo foram que a resistência à compressão curada aos 4 dias era a mesma que a da argamassa de OPC e, devido à cura durante 7 dias ou mais, a resistência à compressão da argamassa foi superior a 132% da da argamassa de OPC.

A utilização de lamas de alumínio e escórias de alumínio (borras) pode ser feita para o fabrico de cimento de aluminato de cálcio (Ewais et al., 2009). As proporções utilizadas para o estudo foram: 30-50% de lamas de alumínio, 37-50% de escórias de alumínio e 12,5-16,25% de óxido de alumínio. A mistura foi então processada a 1500° C ou 1550° C. O cimento preparado nas proporções acima referidas satisfaz as especificações das normas internacionais relativas às propriedades cimentícias e refractárias, devido ao seu teor de CA (a principal fase hidráulica do cimento de aluminato de cálcio) e CA2 (a fase menos hidráulica mas mais refractária). As misturas de cimento, preparadas a partir de 45 a 50% de lamas de alumínio, 37,5-41,25% de escórias de alumínio e 12,5-13,75% de alumina, foram selecionadas como as misturas de cimento óptimas, uma vez que satisfaziam os requisitos das especificações da norma internacional. Choi et al. (2009) examinaram a possibilidade de utilizar resíduos de minas de tungsténio (TTMW) e escória granulada de alto-forno moída (GBFS) no desenvolvimento de argamassas. A argamassa foi preparada com a adição de 10% de TTMW em massa. Verificou-se que o TTMW apresentava um pH de 8,0-9,3, um teor de água de 18,7-22,0%, uma perda máxima por ignição de 2,6% e uma dimensão média das partículas de 10-30 gm. O valor do pH do TTMW tem uma forte influência no comportamento de lixiviação. Os resultados relativos ao teor de água, à dimensão das partículas e à perda de ignição ajudaram a dosear os ingredientes da argamassa. A composição química do TTMW também indicou a presença de 50% de SiO_2, 13% de $Al2O3$ e $Fe2O3$ cada, que são susceptíveis de ajudar no desenvolvimento da resistência.

A palha de arroz, a casca de arroz e as lamas de papel são subprodutos agrícolas normais e resíduos industriais, e são valiosos como materiais de biomassa em bruto. Estes podem ser reutilizados para o fabrico de materiais de construção compósitos de valor acrescentado (Kim et al., 2009). Os resultados obtidos mostraram que a resistência mecânica dos compósitos diminuiu gradualmente com o aumento do teor de palha de arroz e de casca de arroz. O material de construção com 10 e 15% de lamas de papel apresentou uma resistência à compressão de 11 MPa, satisfazendo os requisitos da norma local coreana de 11 MPa. Chang et al. (2012) demonstraram que as escórias de mistura de cinzas de incineradores de resíduos sólidos urbanos modificados (MSWI) e as lamas de polimento químico-mecânico (CMP) podem ser recicladas em conjunto para substituição parcial em argamassas de cimento. A resistência à compressão da mistura acima obtida foi de 152% da resistência da argamassa de cimento convencional. A percentagem máxima de mistura de cinzas MSWI e lamas CMP registada foi de 34% com uma resistência à compressão de 52,85 MPa. Estas misturas também ajudaram a reduzir as emissões de CO_2 na produção de cimento.

2.4.3 Reutilização de lamas industriais em betão de cimento

Babu e Kumar (2000) realizaram um estudo sobre a substituição de escória granulada de alto-forno moída (GGBS) no betão. Foram realizados ensaios para determinar a resistência à compressão a 28 dias do betão com GGBS em diferentes níveis de substituição. Durante os ensaios, foram preparadas 175 misturas. Das 175 misturas, apenas foram estudados cerca de 70 betões feitos com cimento Portland normal, em conformidade com o cimento ASTM tipo I, e curados em condições normais. O GGBS nestes betões estava em conformidade com as caraterísticas mínimas especificadas pela norma ASTM C989 para utilização como aditivo mineral no betão. As percentagens de substituição variaram entre 10% e 80%. Observou-se que, com níveis de substituição tão elevados como 80%, alguns destes betões tinham superplastificantes para melhorar a trabalhabilidade, devido ao elevado teor de finos nestes betões. O resultado do estudo mostrou que é possível conceber betões com GGBS para obter a resistência desejada a qualquer taxa de substituição. Noutro estudo, Ahmadi e Al-Khaja (2001) investigaram a utilização de lamas de resíduos de papel obtidas de uma indústria de produção de papel, como substituto do material de enchimento mineral em diferentes misturas de betão. O estudo foi realizado para diferentes tipos de misturas de betão contendo 0 (uma mistura padrão), 3, 5, 8 e 10% de resíduos em substituição da areia fina. Estas misturas foram preparadas com rácios de 1:3:6 em peso de cimento, areia e agregado, respetivamente. Um dos principais resultados do estudo mostrou que, com um aumento do teor de resíduos, a relação água/cimento da mistura também aumenta, uma vez que os resíduos têm um elevado grau de absorção de água. Por conseguinte, verificou-se que era necessária uma quantidade adicional de água para a hidratação do cimento. Os resultados mostraram que as resistências à compressão aos 28 dias para várias misturas com substituição de resíduos (0 a 10%)

diminuíram de 23 para 0,8 MPa. Esta redução na resistência à compressão foi atribuída ao elevado rácio água/cimento da mistura. No entanto, uma mistura com 5% de resíduos deu uma resistência à compressão superior a 8 MPa, o que é aceitável para utilização na construção de alvenaria, de acordo com as normas britânicas. O estudo recomendou que um máximo de 5% dos resíduos pode ser utilizado eficazmente como material de construção, quando utilizado como substituto da areia fina na mistura de betão. Singh e Murmu (2010) utilizaram as lamas da indústria siderúrgica para produzir betão ecológico. O teor ótimo de cal foi determinado através do ensaio de cubos de argamassa preparados com cal, cinzas volantes e GGBS, misturados em diferentes proporções. A quantidade de cal na mistura de cal + cinzas volantes foi variada em 20, 35, 50, 65, 80 e 100 por cento. O efeito do período de cura na resistência também foi estudado testando os espécimes após períodos de cura de 7, 14, 28 e 60 dias, a fim de chegar à melhor composição de matérias-primas. Foram fabricados cubos de argamassa de cal, cinzas volantes e GGBS em proporções de 35:65:300. A resistência média à compressão foi de 29 MPa aos 28 dias e de 38,8 MPa aos 60 dias. Verificou-se que a resistência à compressão do betão ecológico era inferior à do betão de cimento normal.

Tangchirapat et al. (2007) utilizaram cinzas residuais da indústria do óleo de palma no betão. As cinzas de óleo de palma (POFA) foram utilizadas juntamente com cimento Portland para a produção de betão. O tamanho original da POFA (denominada OP) foi moído até que os tamanhos médios das partículas fossem 15,9 gm (denominada MP) e 7,4 gm (denominada SP). O cimento Portland Tipo I foi substituído por OP, MP, e SP de 10%, 20%, 30%, e 40% em peso de ligante. Os principais parâmetros que foram examinados são o tempo de presa do betão, a resistência à compressão do betão e a expansão que ocorre devido ao ataque do sulfato de magnésio. Os resultados revelaram que o POFA atrasa os tempos de presa inicial e final, dependendo da finura do POFA. A maior percentagem de POFA substituída durante os ensaios experimentais foi de até 30% em peso. A resistência à compressão do betão contendo POFA e MP foi muito inferior à do betão normal quando a substituição foi superior a 20%.

Singhal et al. (2007) utilizaram no betão de cimento o licor gasto tratado com cal da unidade de decapagem de uma indústria siderúrgica. As chapas de aço inoxidável foram decapadas em dois processos diferentes na indústria siderúrgica. O primeiro banho contém ácido sulfúrico e o segundo contém ácido nítrico e ácido fluorídrico. A amostra de licor gasto é retirada do banho de ácido sulfúrico. Foram preparadas misturas de betão de grau M20 com diferentes proporções de lamas. Verificou-se que a resistência à compressão aumentava quando o teor de lamas era menor (5%), mas diminuía mais tarde quando o teor de lamas aumentava (20%). Um ano mais tarde, Singhal et al. (2008) trataram as lamas de licores usados (ELTS) e as cinzas volantes para substituir o cimento no betão de grau M20. A percentagem de TSLS foi mantida fixa em 7,5% e a proporção de cinzas volantes variou em 5%, 10%, 15%, 20% e 25% para estudar o potencial de substituição do cimento. A adição de cinzas volantes provocou a remoção completa da toxicidade de acordo com o teste TCLP. Verificou-se que a utilização de 7,5% de TSLS e 15% de cinzas volantes pode conduzir a uma poupança de 252 Rs. por cada[3] de betão. Indicou que a utilização de lamas no betão pode levar a uma poupança de custos de 10 a 15% por metro cúbico de betão.

Num estudo realizado por Lee et al. (2012), o cimento foi substituído por 10% (em peso) utilizando pó de lamas de polimento químico-mecânico (CMP). Os ensaios TCLP revelaram um baixo nível de lixiviação de metais pesados, em conformidade com as normas regulamentares. Foi estudado o betão de cimento misturado com lamas (SBCC) com 10% em peso de cimento substituído por pó de lamas CMP. Esta mistura apresentou uma resistência à compressão de 122 - 138% em comparação com o betão de cimento Portland normal (OPCC) para proporções de lamas de 10 a 40%. As resistências à compressão nos tempos de cura de 7, 14, 28, 56 e 91 dias são 122 - 138% superiores às do OPCC. Outras propriedades do SBCC e do OPCC foram consideradas semelhantes. Os abatimentos, o peso unitário, o teor de ar e o teor de cloretos satisfaziam as normas da American Society for Testing and Materials (ASTM) de 12,5 ± 1,0 cm, 2,3 a 2,4 kg/m^3 , 1,5% e 0,3 kg/m^3 respetivamente. Também se verificou que o endurecimento inicial do OPCC era inferior ao do SBCC. Balwaik e Raut (2011) demonstraram que as lamas de ETP da fábrica de pasta de papel podem ser utilizadas até 5 a 10% em peso para as misturas de betão M-20 e M-30. Foram utilizadas técnicas de XRF, XRD e TGA para a caraterização das lamas. Verificou-se que a resistência à compressão, à tração e à flexão aumentou até 10% quando a percentagem de lamas de ETP de resíduos de pasta de papel foi de 5 e 10%. Para o betão M20, as resistências à compressão a 28 dias registadas foram de 33,9 MPa e 32,3 N/mm^2 , respetivamente, com 5% e 10% de substituição de lamas. Para o betão M30, as resistências à compressão a 28 dias registadas foram de 42,3 MPa e 41,8 MPa, respetivamente, com 5% e 10% de substituição de lamas, o que satisfaz a resistência média pretendida. Um aumento adicional do teor de lamas de ETP da fábrica de pasta de papel reduziu gradualmente a resistência. Observou-se igualmente que a trabalhabilidade também diminuiu devido ao aumento do teor de lamas. Este facto foi atribuído à natureza de absorção de água das lamas. A percentagem óptima de lamas recomendada é de 10%. D'Souza e Shrihari (2010) relataram que as cinzas das lamas de incineração podem ser utilizadas como aditivos em materiais de construção. Foram adicionados 10% de cinzas volantes de incineração ao betão M20, o que proporcionou uma maior resistência à compressão em comparação com a resistência média pretendida de 26,6 MPa, de acordo com as normas BIS. O estudo revelou que a adição de cinzas de incineração pode ser de um máximo de 10% em misturas de betão M20 sem comprometer a resistência à compressão média pretendida dos cubos de betão com cinzas.

2.5 REUTILIZAÇÃO DE LAMAS DE FÁBRICAS TÊXTEIS EM MATERIAIS DE CONSTRUÇÃO

As lamas das fábricas de têxteis também têm potencial para serem reutilizadas em materiais de construção, como tijolos, telhas, etc. Estudos efectuados por Baskar et al. (2006) mostraram que as lamas de fábricas têxteis secas em forno podem ser utilizadas como substituto da argila no fabrico de tijolos de argila. A percentagem de lamas variou entre 3-30% em peso. A temperatura de cozedura variou de 200-800° C e o tempo de cozedura variou de 2-8 horas. A quantidade óptima de lamas que pode ser utilizada para o fabrico de tijolos de barro é de 9%. Para além de 9% de adição de lamas, os tijolos não satisfazem os requisitos de resistência de acordo com as normas BIS para tijolos de barro queimado comuns. Krishnan e Giridev (2010) também mostraram que o pó de pedreira podia ser adicionado às lamas de fábricas têxteis e ao cimento para fabricar tijolos. Estes tijolos apresentaram uma maior resistência à compressão do que os tijolos de argila. Por outro lado, o aumento do teor de lamas reduziu a resistência à compressão dos tijolos.

Para melhorar as propriedades aglutinantes, o cimento pode ser misturado com lamas de moagem têxtil (Balasubramanian et al., 2006; Patel e Pandey, 2009). Balasubramanian et al. (2006) incorporaram lamas de fábricas têxteis em ladrilhos de betão para pavimentos, tijolos ocos, blocos sólidos, blocos de pavimento e tijolos de argila queimada comuns. A quantidade máxima de lamas substituídas foi de 30%, mas a adição de lamas atrasou o processo de endurecimento dos componentes de construção. Os tijolos de argila queimada comum devem possuir uma resistência à compressão de 3,5 MPa, de acordo com a norma BIS 1077 (1992). Para as amostras com mais de 5% de lamas, a resistência à compressão diminuiu gradualmente. Os tijolos de argila queimada comuns com a adição de 10% de lama de moinho têxtil deram uma resistência à compressão de mais de 3,5 MPa. Os valores de resistência à compressão registados para blocos ocos e blocos sólidos com um teor de lamas de 30% e 20% foram de 3,05 MPa e 4,02 MPa, respetivamente. A percentagem óptima de lamas de fábricas têxteis que pode ser utilizada para blocos ocos e blocos sólidos é de 30% e 20%, respetivamente, sem comprometer a resistência à compressão de 3 MPa e 4 MPa, respetivamente, de acordo com os requisitos BIS. Balasubramanian et al. (2006) utilizaram lamas de fábricas têxteis recolhidas de uma estação comum de tratamento de efluentes (CETP) na forma seca em estufa. A percentagem de lamas foi variada até 30% no fabrico de elementos de construção não estruturais, o que deu resultados superiores aos requisitos BIS e ASTM. Patel e Pandey (2009) fabricaram blocos sólidos através de uma combinação de lamas e cimento. A percentagem de lamas de fábricas têxteis foi variada até 70 %, o que deu uma menor resistência à compressão à medida que a percentagem de lamas em peso aumentava. O teste TCLP revelou uma quantidade negligenciável de metais pesados no lixiviado. O estudo recomendou que a lama da fábrica têxtil, que é principalmente de natureza inorgânica, poderia ser utilizada como aditivo no fabrico de tijolos e outros materiais de construção. Liu et al. (2010) fabricaram tijolos não cozidos a partir de lamas de coagulação de águas residuais de fabrico de corantes, combinando-as com quatro tipos de cimentos, incluindo OPC, clínquer de cimento de silicato moído, cimento de alumina e cimento de escória. Para as lamas solidificadas com cimento de alumina, em cimento: lamas: água de 1:0,5:0,5-0,8, as resistências à compressão dos espécimes variaram de 41,3 MPa a 35,7 MPa. O novo material compósito pode ser desenvolvido através da mistura de cimento Portland comum e lamas da estação de tratamento de efluentes da indústria de tinturaria (DIETP-S). Pode ser utilizado como uma alternativa para a indisponibilidade de materiais de construção naturais, como areia e agregados relacionados. É um método de extração de riqueza a partir dos resíduos (Raghunathan et al., 2010). Neste estudo, os agregados de lamas sintéticas (SSA) foram utilizados como substituto da areia em vários rácios, nomeadamente 5%, 10%, 15% e 20% nos betões M20, M30 e M40. Verificou-se que o SSA só pode ser utilizado até 5% como substituto da areia sem afetar a resistência do betão, de acordo com os requisitos do BIS.

2.6 LIXIVIAÇÃO DE METAIS PESADOS APÓS A UTILIZAÇÃO DE LAMAS EM MATERIAIS DE CONSTRUÇÃO

A sustentabilidade ambiental dos materiais de construção alterados com lamas é assegurada pelo controlo da lixiviação de metais pesados. Estudos efectuados por Alleman et al. (1990), ao utilizarem lamas carregadas de metais para o fabrico de tijolos, mostraram que, durante os ensaios de lixiviação, as concentrações de metais pesados eram inferiores às normas. As lamas industriais contêm maioritariamente metais pesados, como o cádmio (Cd), o níquel (Ni), o mercúrio (Hg), o chumbo (Pb), o zinco (Zn), etc. Sempre que as lamas são utilizadas como aditivo num material de construção, a lixiviação de metais pesados é uma grande preocupação do ponto de vista ambiental e da saúde humana. Para evitar a lixiviação de metais pesados, os processos de solidificação/estabilização (S/S) são os mais viáveis. Estes processos envolvem a mistura das lamas com um material aglutinante para melhorar as propriedades físicas dos resíduos e imobilizar os contaminantes que podem prejudicar o ambiente (Minocha et al., 2003a). O cimento serve como um bom aglutinante para a produção de material de construção a partir de lamas de fábricas têxteis (Balasubramanian, 2006; Patel e Pandey 2009; Baskar et al., 2006). Quando OPC, cinzas volantes e cal foram utilizados para solidificar lamas contendo metais pesados (Cr, Cd, Ni, Hg, etc.), quantidades negligenciáveis de metais pesados foram lixiviadas durante estudos de lixiviação (Minocha et al., 2003b).

Pode ocorrer uma grave contaminação das águas subterrâneas devido à elevada concentração de crómio trivalente e de compostos orgânicos/ inorgânicos nas lamas de curtume, caso estas sejam depositadas em aterros, e também provocar emissões para a atmosfera se forem incineradas. Numa investigação realizada por Swarnalatha et al. (2006), as lamas foram submetidas a uma combustão com ar comprimido a 800 C, o que impediu a conversão de Cr^{3+} em Cr^{6+}. Foram utilizadas técnicas instrumentais como a análise termogravimétrica diferencial (DTG), a ressonância de spin de electrões (ESR) e a análise de infravermelhos por transformada de Fourier (FTIR) para confirmar as caraterísticas químicas das lamas. Foram utilizadas cinzas volantes, argila, cal e cimento Portland para solidificar/estabilizar as lamas calcinadas. A resistência à compressão e a imobilização de metais pesados foram determinadas para os espécimes acima referidos. A resistência à compressão e a fixação de metais das lamas calcinadas com ingredientes como argilas (CS) - cinzas volantes (F) - argamassa de cimento (C) com uma percentagem em massa de 41,66% CS, 41,66% F, 16,66% C é de 185 kg/cm^2 e 93,84%, respetivamente. A estabilização do crómio trivalente na matriz de gel de cimento foi analisada através de microscopia eletrónica de varrimento. Além disso, a COD do lixiviado foi determinada e foram também efectuados estudos de lixiviação para verificar a presença de metais pesados nos lixiviados.

Num estudo realizado por D'Souza e Shrihari (2010), as cinzas volantes incineradas foram utilizadas como aditivo em materiais de construção. A água utilizada para a cura foi monitorizada para cubos de betão com cinza volante. Verificou-se que, durante a análise da água utilizada para a cura, não foram encontrados vestígios de cádmio, uma vez que os cubos de betão com cinzas imobilizaram metais pesados sem qualquer influência negativa nas propriedades físicas do produto. Da mesma forma, o óxido cúprico ligou-se fisicamente aos produtos de hidratação do aluminato tricálcico e o cobre não foi detectado na água de cura. O estudo concluiu que a matriz de cimento foi eficaz na imobilização de elementos vestigiais presentes nas cinzas volantes incineradas.

Habib et al. (2012) documentaram que os materiais argilosos podem ser utilizados para preparar materiais cimentícios através de tratamento térmico. Os materiais cimentícios preparados pela mistura de pó de argila tratada e cal obtiveram uma capacidade de ligação semelhante à do OPC. Os compósitos de cimento com argila: 19%; clínquer: 79%; gesso: 1-2% ganharam uma resistência à compressão significativa. O tempo de presa registado foi quase igual ao do OPC. Os estudos de lixiviação indicaram que os materiais cimentícios podem ser utilizados como materiais de ligação rentáveis para solidificar e ligar quase 99% dos iões metálicos do sistema aquoso. Os resultados também sugeriram que, como as matrizes sólidas adquiriram uma boa resistência à compressão, estas poderiam ser utilizadas como materiais de enchimento de fundo na construção de auto-estradas.

2.7 UTILIZAÇÃO DE LAMAS COMO ADSORVENTE NO TRATAMENTO DE ÁGUAS RESIDUAIS

Para o estudo da adsorção, são normalmente utilizadas as isotérmicas de Freundlich e Langmuir. Freundlich (1906) estudou a adsorção de um material em carvão animal e demonstrou que a razão entre a quantidade de soluto adsorvido numa dada massa de adsorvente e a concentração do soluto na solução não era uma constante em diferentes concentrações da solução. A isotérmica de Freundlich deriva da hipótese de uma superfície heterogénea com uma distribuição não uniforme do calor de adsorção sobre a superfície. Langmuir propôs uma teoria para descrever a adsorção de moléculas de gás em superfícies metálicas. A isotérmica de adsorção de Langmuir (Langmuir, 1918) tem sido aplicada com sucesso a muitos outros processos reais de adsorção e tem sido utilizada para explicar a adsorção de corantes em vários adsorventes. Um pressuposto básico da teoria de Langmuir é que a adsorção tem lugar em locais homogéneos específicos dentro do adsorvente. Assume-se então que, quando uma molécula de corante ocupa um local, não pode ocorrer mais adsorção nesse local. Teoricamente, portanto, é atingido um valor de saturação para além do qual não pode ocorrer mais sorção. As isotérmicas de Freundlich e Langmuir linearizadas são representadas pelas seguintes equações:

Isotérmica de Freundlich: $q_e = K_f \cdot C_e^{(1/n)}$ $\qquad$ (2.1)

Isotérmica de Langmuir: $q_e = (q_m \cdot b.C_e) / (1 + b.C_e)$ $\qquad$ (2.2) em que, K_f é a constante de Freundlich (l/mg), $1/n$ é o fator de heterogeneidade, b é a constante de adsorção de Langmuir (l/mg) relacionada com a energia de adsorção e q_e significa a capacidade de adsorção (mg/g). (A forma linearizada destas equações utilizadas para este estudo é apresentada no apêndice II) As lamas de depuração contêm uma grande quantidade de matéria carbonosa em comparação com as lamas industriais. Quando as lamas de depuração e as lamas industriais são pirolisadas ou incineradas, pode ser gerado carbono altamente poroso. Este carbono derivado pode ser ativado por diferentes métodos químicos. Estes tipos de adsorventes estão a tornar-se mais populares devido ao seu baixo custo em comparação com o seu excelente desempenho.

2.7.1 Necessidade de reutilização de resíduos sólidos industriais como adsorvente

Uma das opções mais promissoras e em rápido desenvolvimento para a gestão das lamas consiste em convertê-las num adsorvente (Smith et al., 2009). O carvão ativado tem sido amplamente utilizado como adsorvente para a remoção de diferentes poluentes devido ao seu elevado limite de adsorção. No entanto, tem também um custo operacional moderadamente elevado e problemas de recuperação. Neste sentido, numerosos investigadores tentaram utilizar vários adsorventes não convencionais e de baixo custo para a remoção de corantes. Estes incluem cinzas de fundo, cinzas volantes, medula de coco, casca de mandioca, algodão, casca de laranja, cinzas volantes de bagaço de cana, resíduos à base de celulose, lamas de depuração, caulinite, zeólito, palha de trigo, serradura, finos de carvão, xisto betuminoso e resíduos de lagares de azeite. Se os adsorventes tiverem um custo razoável e estiverem prontos a utilizar, podem constituir uma boa vantagem tecnológica. A utilização de resíduos sólidos industriais para o tratamento de águas residuais é uma estratégia vantajosa para todos, porque não só transforma os subprodutos industriais em materiais úteis, como também elimina os problemas de eliminação. Outro aspeto de tais investigações é o facto de não ser necessário regenerar estes substitutos baratos (Reddy et al., 2008). Para que o adsorvente derivado das lamas seja mais eficaz na remoção de contaminantes, deve possuir uma área Brunauer-Emmett-Teller (BET) elevada (Smith et al., 2009).

As bainhas das folhas da erva marinha mediterrânica Posidonia oceanica podem ser utilizadas por serem de baixo custo, facilmente disponíveis e um adsorvente biológico que pode ser regenerado para a remoção de corantes têxteis reactivos de soluções aquosas. Foram efectuados ensaios em lotes para estudar a cinética de adsorção e as diferentes isotérmicas. Os parâmetros experimentais, como a temperatura, o pH e o pré-tratamento químico, foram variados no estudo pormenorizado. A capacidade de biossorção foi aumentada com o aumento da temperatura. A remoção máxima de cor foi obtida a pH 5. O pré-tratamento das fibras com soluções de H3PO4 e HNO3 aumentou a eficiência de adsorção até 80 % (Ncibi et al., 2007).

2.7.2 Adsorvente derivado de lamas de estações de tratamento de água

As lamas das estações de tratamento de águas, que são lamas de alúmen, têm potencial para a obtenção de adsorventes. Chu (2001) investigou a remoção de corantes de águas residuais têxteis utilizando lamas de alúmen recicladas. Foram utilizados corantes hidrofóbicos e hidrofílicos para o estudo. A remoção máxima de corante observada foi de 88%.

Wu et al. (2004) referiram que as lamas de tratamento de águas podiam ser utilizadas como absorventes para adsorver metais pesados ao longo do tratamento de águas residuais após a sua reciclagem num processo de sinterização. As lamas de tratamento de águas foram sinterizadas em diferentes condições laboratoriais para produzir adsorventes contendo Al. A adsorção de Cu^{++} e Pb^{++} no óxido sinterizado foi examinada e os resultados da adsorção foram posteriormente modelados. A lixiviação de metais foi medida pelo procedimento TCLP e os resultados mostraram que a quantidade de lixiviação de metais pelo adsorvente sinterizado era muito pequena. Moghaddam et al. (2010) efectuaram um estudo sobre a descoloração de um corante ácido de águas residuais sintéticas utilizando lamas de estações de tratamento de águas. Verificou-se que a remoção do corante depende principalmente do pH. A remoção máxima de corante de 90% foi observada a um pH 3. Quando o pH da solução foi aumentado de 3 para 8, as taxas de remoção de corante diminuíram de 96,3% para 2,3%. Isto indica que a adsorção funciona melhor numa gama ácida para muitos adsorventes. Zhou e Haynes (2010) também utilizaram lamas de estações de tratamento de águas para preparar carvão ativado e utilizaram-no posteriormente para a remoção de Pb (II), Cr (II) e Cr (VI). O estudo mostrou que a capacidade de adsorção depende da dose de adsorvente e do pH da solução. Os dados da isoterma de sorção para os três iões ajustaram-se igualmente bem às equações das isotermas de Freundlich e Langmuir. Verificou-se que as lamas de tratamento de água constituem um adsorvente de baixo custo para a remoção de metais pesados.

2.7.3 Adsorventes derivados de lamas de depuração

O fabrico de carvão ativado a partir de lamas de depuração é uma das formas promissoras de produzir um adsorvente útil para a remoção de poluentes, bem como de eliminar as lamas de depuração em segurança (Chen et al., 2002). As lamas de depuração estão repletas de material orgânico carbonoso. Por conseguinte, têm potencial para serem transformadas em adsorventes carbonados se forem pirolisadas e utilizadas em condições controladas no laboratório. Se o processo de incineração for modificado, poderá produzir um material útil. Yun e Yi (2009) referiram que a adsorção com uma área de superfície BET superior a 400 m^2 /g de lamas de depuração podia ser obtida através de processos de pirólise e ativação química (ZnCl2). Esta lama de esgoto era rica em carbono e matéria orgânica e era promissora como matéria-prima para o fabrico de adsorventes.

Se as lamas residuais em pó (PWS) forem utilizadas como adsorvente para a remoção de corantes, possuem as seguintes vantagens (Ozmichi e Kargi, 2006).

(1) Baixo custo, livremente disponível e possível reutilização das lamas residuais em pó (PWS).

(2) A grande área de superfície confere uma elevada capacidade de adsorção.

(3) A adsorção é selectiva para alguns dos corantes, e

(4) Pode funcionar numa vasta gama de condições ambientais.

No estudo acima referido, quando a PWS foi pré-tratada com um ácido, observou-se uma remoção de 97% do corante.

As lamas de depuração geradas durante os processos de tratamento de águas residuais foram identificadas como um precursor atrativo para a produção de carvão ativado. O carvão ativado é um adsorvente altamente eficaz, amplamente utilizado na purificação de água, águas residuais e emissões gasosas, devido à sua excelente área de superfície específica, volume de poros e presença de grupos funcionais de superfície. No processo de ativação física, o precursor (composto orgânico) é primeiro carbonizado (600 - 800°C) sob uma atmosfera inerte e depois ativado utilizando vapor ou CO_2 a uma temperatura mais elevada. Bosch et al. (1976) utilizaram lamas activadas para fabricar carvão ativado. Rozada et al. (2005) utilizaram lamas da estação de tratamento de águas residuais e pneus fora de uso para obter carvão ativado. Para o estudo, foram utilizados agentes activadores como o H2SO4 e o ZnCl2.

Wang et al. (2008) utilizaram as lamas de depuração para produzir carvão ativado altamente poroso. Este carvão ativado foi utilizado para a remoção de corante de resíduos de corantes. A temperatura adoptada para a produção de carvão ativado foi de 600^0 C. A remoção por adsorção de um corante, Acid Brilliant Scarlet GR, de uma solução aquosa para o carvão ativado à base de lamas foi considerada em diferentes estados de tempo de adsorção, concentração inicial de corante, dosagem de adsorvente e pH da solução. O equilíbrio de adsorção foi atingido em 15 minutos para a concentração inicial de 300 mg/L. Verificou-se que o pH inicial da solução tem um impacto insignificante na remoção do corante. Os modelos de isoterma de equilíbrio de Langmuir (Langmuir, 1918) e Freundlich (Freundlich, 1906) ajustaram-se bem aos dados de adsorção com um valor R^2 igual a 0,996 e 0,912, respetivamente, para os tipos de corantes utilizados.

A vantagem da utilização de materiais carbonosos residuais como adsorvente é dupla: um dos pontos de vista dignos de nota é que os materiais residuais serão utilizados ou minimizados; por outro lado, pode substituir ou substituir parcialmente os dispendiosos carvões activados para a remoção de SOx e NOx (Lu, 1996). Lu fabricou adsorventes a partir de resíduos de materiais carbonosos para a remoção de SOx e NOx. A carbonização por pirólise em atmosfera de azoto foi a técnica utilizada para a preparação do carvão ativado. A ativação física na presença de CO_2 e a ativação química por ZnCl foram utilizadas para o estudo. Os efeitos dos parâmetros do processo no desenvolvimento da área superficial e na evolução estrutural dos poros foram estudados pelos investigadores. Uma das observações importantes do estudo foi que a temperatura de pirólise, os produtos químicos de ativação utilizados e a queima do carbono afectaram significativamente o desenvolvimento da área de superfície e a evolução da estrutura dos poros do carbono derivado das lamas. As amostras de lamas digeridas anaerobicamente foram activadas utilizando 5 M de ZnCl2 e depois pirolisadas a 650^0 C durante 2 horas sob uma atmosfera de azoto para obter carbono ativado (Tay et al., 2001). Os carvões activados produzidos durante o estudo exibiram uma melhor área de superfície e volume de poros em comparação com o carvão ativado comercial para a remoção de fenol. Verificou-se que as lamas não digeridas eram perigosas e mais difíceis de manusear durante os ensaios. As lamas digeridas deram melhores resultados em comparação com as lamas não digeridas, apesar do maior teor de carbono.

Pan et al. (2003) utilizaram as cinzas de lamas de depuração reutilizadas como adsorvente para a remoção de cobre de águas residuais. A capacidade de permuta catiónica (CEC) e o pH do ponto de carga zero (pHZPC) do adsorvente foram determinados a fim de verificar o seu potencial. Os resultados obtidos durante o estudo seguiram a isotérmica de Langmuir. Os hidróxidos metálicos formaram-se a um pH mais elevado, ou seja, superior a 6,5. A eficiência de remoção do cobre registada foi de 98%. É possível preparar um adsorvente de baixo custo utilizando amostras de lamas de depuração e casca de coco. As propriedades do carvão ativado produzido a partir de lamas de depuração foram estudadas por Chen et al. (2002). No estudo, o adsorvente foi preparado activando as lamas com uma solução de ZnCl2 5M e depois pirolisando-as a 500^0 C durante duas horas num ambiente de azoto. O procedimento acima descrito permitiu obter um adsorvente poroso com uma excelente área de superfície BET. Tem um bom desempenho para adsorvatos não polares. Fan e Zhang (2008) estudaram as propriedades de adsorção do carvão ativado preparado a partir de lamas de depuração para a remoção de corantes orgânicos. O carvão ativado à base de lamas mostrou uma maior remoção de corante preto alcalino do que o carvão ativado comercial. O pH ótimo mantido durante o estudo foi de 1. A dosagem de adsorventes variou de 0,05 a 0,5 wt. % (de massa de negro alcalino) a um pH, temperatura e tempo de contacto fixos. Observou-se que a adsorção aumentou com a quantidade de adsorvente. A taxa de descoloração e a taxa de remoção de CQO atingiram cerca de 95% e 68%, respetivamente, com 0,25 wt % de adsorvente. O equilíbrio é atingido a 0,25 % em peso, pelo que a dose óptima indicada foi de 0,25%. Esta dose pode ser utilizada para a conceção de sistemas de adsorção. A dose óptima obtida foi inferior em 10% à do carvão ativado comercial. Verificou-se que o carvão ativado a partir de lamas de depuração é superior ao carvão ativado comercial, embora o carvão ativado comercial seja mais microporoso.

Os resíduos tratados termicamente e as lamas biológicas podem ser utilizados para a remoção de corantes (Annadurai et al., 2003). O adsorvente foi produzido aquecendo-o num micro-ondas durante 1 a 4 minutos a $800°$ C. A pH e temperatura elevados, verificou-se uma adsorção favorável. Num outro estudo, a adsorção de corantes de uma solução aquosa no carvão ativado à base de lamas foi estudada e comparada com o carvão ativado comercial por Reddy et al. (2006). Ozmihci e Kargi (2005) demonstraram que as lamas activadas em pó (PAS) podem ser utilizadas como uma opção ao carvão ativado em pó (PAC) e como adsorvente para a remoção de corantes de águas residuais sintéticas. A eficiência da remoção de cor do PAS foi comparada com a do PAC nas mesmas condições de ensaio. Foram obtidos excelentes resultados na remoção de corantes, com uma eficiência superior a 95%, tanto para o PAS como para o PAC, ao fim de 6 horas, com dosagens de adsorvente superiores a 4g/l. Mais tarde, Ozmihci e Kargi (2006) investigaram a utilização de lamas residuais em pó (PWS) para a remoção de corantes têxteis. O adsorvente inferido de PWS foi pré-lavado com ácido antes da utilização. Foi registada uma remoção de corante superior a 80% com uma dose de adsorvente de 4gm/L.

A adsorção de corantes básicos, nomeadamente Basic Red 18 e Basic Blue 9, de uma solução aquosa por lamas activadas secas foi explorada num sistema descontínuo por Gulnaz et al. (2004). Foi utilizada uma lama de esgoto activada para o estudo. Durante os ensaios experimentais, a temperatura variou entre 20, 35 e $50°$ C, respetivamente. A 35 e $50°$ C, as capacidades de adsorção foram de 270 e 181 mg/gm para o Vermelho básico e de 208 e 172 mg/gm para o Azul básico, respetivamente. O estudo indicou que as lamas activadas têm o limite mais elevado de absorção do corante à temperatura de $20°$ C. Observou-se que, a $20°$ C, a capacidade de adsorção em monocamada foi a mais elevada, ou seja, 286 e 256 mg/gm para o Basic Red 18 e o Basic Blue 9, respetivamente, a um valor de pH ótimo de 7,0, em comparação com outras temperaturas, ou seja, 35 e $50°$ C, o que indicou que a capacidade de adsorção diminuiu com o aumento da temperatura. Os modelos de adsorção de Langmuir e

Freundlich foram experimentados para a investigação do equilíbrio de adsorção e verificou-se que os dados de equilíbrio se ajustaram excecionalmente bem a ambos. Os valores de RL mostraram que as lamas activadas são adequadas para a adsorção de corantes básicos.

As lamas de águas residuais à base de ferro foram utilizadas para o tratamento de águas residuais de corantes por Kayranli (2011). O adsorvente preparado foi utilizado para a remoção de corantes catiónicos, aniónicos e não iónicos. Os dados experimentais obtidos ajustaram-se bem às isotermas de Langmuir e Freundlich. Os estudos de adsorção demonstraram que o Castanho Disperso 19 e o Azul Reativo 29 foram mal removidos, por outro lado o Azul Direto 71, o Azul Ácido 40 e o Violeta Básico 16 ligaram-se bem às lamas. As capacidades máximas de adsorção registadas foram de 625 mg/g para o Diret Blue 71, 833 mg/g para o Acid Blue 40 e 3333 mg/g para o Basic Violet Blue 16, respetivamente. Estas capacidades de adsorção registadas foram superiores às de estudos anteriores analisados pelos investigadores. Martin et al. (2004) realizaram um estudo sobre adsorventes carbonosos a partir de lamas de depuração e a sua aplicação num tratamento combinado de lamas activadas e carvão ativado em pó (AS-PAC). Neste estudo, com o auxílio da ativação química com ácido sulfúrico, as lamas biológicas residuais foram convertidas num adsorvente. As dosagens deste adsorvente foram administradas à cuba arejada de um processo de lamas activadas contendo glicose e fenol, de modo a melhorar a qualidade do efluente tratado. Verificou-se que o adsorvente carbonoso à base de lamas era de natureza mesoporosa, tendo um grande limite de adsorção para compostos de grande peso molecular e uma eficiência de remoção limitada para moléculas mais pequenas, como o fenol. Foi documentado que a bio-regeneração do adsorvente em pó no sistema combinado AS-PAC pode ser diminuída pela obstrução dos poros devido ao crescimento bacteriano, sendo o efeito mais vital para o carvão ativado comercial com uma distribuição mais estreita do tamanho dos poros.

Rio et al. (2006) prepararam adsorventes a partir de lamas de esgoto por ativação a vapor para o tratamento de emissões industriais. Os investigadores utilizaram um forno de pirólise vertical para efetuar a carbonização. Com base na análise TGA, a sua duração foi fixada em 1 hora para melhorar a área de superfície específica BET, o volume de microporos e a quantidade de grupos funcionais de superfície do carvão. A temperatura de carbonização foi optimizada entre 400 e 1000^0 C. Yu e Zhong (2006) também prepararam um adsorvente a partir de lamas de depuração e utilizaram-no para a remoção de materiais orgânicos de águas residuais urbanas. As lamas de depuração foram incineradas a uma temperatura de 550° C. Posteriormente, foram activadas quimicamente com H2SO4 e ZnCl2. As taxas de remoção de CQO situaram-se entre 68 e 75%. O desempenho deste adsorvente derivado de lamas quimicamente activadas mostrou excelentes resultados em comparação com o carvão ativado.

As lamas desidratadas em bruto foram utilizadas por Dhaouadi e Henni (2008) para a descoloração de efluentes de fábricas têxteis. As lamas desidratadas da estação de tratamento de águas residuais foram utilizadas diretamente como adsorvente sem qualquer ativação para o tratamento direto dos corantes Red 79 e Vat Blue 4. Os modelos de equilíbrio de dois sítios de Langmuir, Freundlich, Redlich-Peterson, Holl-Kirch, Toth e Langmuir-Freundlich foram utilizados para ajustar os dados experimentais obtidos. O adsorvente derivado de lamas de depuração também pode ser utilizado para a melhoria do arsenito [As(V)] por tratamento de metilação (Kang et al., 2007). Rozada et al. (2008) investigaram a utilização de adsorvente derivado de lamas para a remoção de metais pesados. Foram efectuados estudos para a remoção de Hg (II), Pb (II), Cu (II) e Cr (II). Foram utilizados dois tipos de adsorventes para o estudo; um foi o adsorvente de lamas pirolisadas e o outro foi o adsorvente de lamas activadas quimicamente. Segura et al. (2009) compararam a adsorção de Cd-Pb em carvão ativado comercial e material carbonoso de lamas de depuração pirolisadas num sistema de colunas. A taxa de adsorção em material carbonoso proveniente da pirólise de lamas de depuração foi mais elevada para o cádmio do que para o chumbo em colunas de sistema único e é semelhante em colunas de sistema binário. As colunas de sistema binário são colunas de vidro com 4, 8 e 16 cm de altura e 1,0 cm de diâmetro interno, contendo 1,4, 2,9 e 7,7 g de material carbonoso e 0,7, 1,9 e 3,9 g de carvão ativado, respetivamente. A eficiência de adsorção foi mais notável em sistemas simples do que em sistemas binários. O material carbonoso proveniente da pirólise do lodo de esgoto acabou sendo mais produtivo que o carvão ativado para a remoção de íons metálicos (Cd^{2+} e Pb^{2+}).

Nesseris e Stasinakis (2009) realizaram experiências em lote utilizando três tipos de adsorventes, nomeadamente, carvão ativado, lamas activadas e bagaço de azeitona. Foram efectuadas experiências para remover o fenol das amostras. A remoção máxima de fenol e CQO foi registada em 87% e 96%, respetivamente. Num estudo realizado por Yun e Yi (2009), as lamas de depuração foram utilizadas para produzir um adsorvente para a remoção do corante Diret Fast Brown M. A área de superfície BET e a porosidade são caraterísticas importantes, capazes de afetar a qualidade e a utilidade dos adsorventes. Por esta razão, é importante determiná-las e controlá-las com precisão. As condições experimentais óptimas foram mantidas por eles durante a montagem experimental. Para obter uma maior área de superfície do adsorvente 4 M, as lamas imersas em ZnCl2 foram pirolisadas a 550° C durante 60 min, o que provocou uma alteração notável na área de superfície BET e na área de microporos do adsorvente. A área de superfície BET registada a 550° C durante 60 minutos foi de 174 m^2 /g e a área de microporos correspondente foi de 95 m^2 /g. Os resultados mostraram que a área de superfície aumentava à medida que o teor de carbono aumentava no adsorvente de lamas, indicando que a porosidade do carbono era responsável pela elevada área de superfície. As imagens SEM também indicaram que o adsorvente de lamas apresenta uma estrutura significativamente porosa, dando origem a uma área de superfície BET comparativamente mais elevada. Observou-se que, a uma temperatura mais baixa, a concentração de ZnCl2 inferior a 4 M aumentou a área de superfície BET, enquanto a concentração superior a 4 M reduziu a área de superfície BET. A área de superfície aumentou com o aumento do teor de carbono do adsorvente de lamas, indicando que a porosidade do carbono foi responsável pela elevada área de superfície. As imagens SEM também indicaram que o adsorvente de lamas apresenta uma estrutura significativamente porosa, dando origem a uma área de superfície comparativamente mais elevada. De acordo com este estudo, ocorreu uma redução de mais de 80% no valor da CQO numa amostra de águas residuais.

As lamas activadas foram utilizadas como matéria-prima para preparar carvão ativado utilizando ácido sulfúrico como agente de ativação química por Al-Qodah e Shawabkah (2009). Os resultados demonstraram que o carvão ativado produzido tem uma estrutura altamente porosa e uma área de superfície específica de 580 m^2 /g. A área específica indicada é comparável à do carvão ativado comercial (marca NORIT SA5), o que indica que tem um elevado potencial para atuar como adsorvente. Os resultados indicaram que a área de superfície tinha um comportamento de adsorção melhorado, comparável ao dos adsorventes de elevado desempenho. A análise FTIR mostrou a presença de uma variedade de grupos funcionais que indicaram um limite de adsorção melhorado contra pesticidas. A análise XRD revelou que o carvão ativado fabricado tem um baixo teor de constituintes inorgânicos em comparação com o precursor. As informações sobre a isoterma de adsorção foram ajustadas a três modelos de isoterma de adsorção e quase se ajustaram ao modelo BET com R^2 igual a 0,948 a pH 3, o que mostrou uma adsorção multicamada de pesticidas. A investigação conduzida mostrou que as lamas activadas são um material promissor e de baixo custo para a produção de carvão ativado. A caraterização de carvões activados mesoporosos preparados por pirólise de lamas de depuração com pirolusite foi investigada por Liu et al. (2010). O impacto da adição de minerais nas propriedades dos carvões activados fabricados também foi avaliado pelos cientistas. Os resultados revelaram que os carvões activados a partir de lamas de depuração suplementadas com pirolusite tinham uma área de superfície BET até 75% superior e uma meso-porosidade até 66% superior à dos carvões activados à base de lamas normais. Os dados experimentais obtidos a partir de estudos de adsorção em lote ajustaram-se à isoterma de Langmuir. Yao et al. (2010) demonstraram que o carvão derivado de lamas produzido a partir de lamas com ZnCl2 podia ser utilizado para a adsorção de Gatifloxacina. Os resultados mostraram que o carvão derivado de lamas tem uma grande área de superfície e uma estrutura porosa. Os dados de adsorção ajustaram-se ao modelo cinético de segunda ordem, o que confirmou a ocorrência de adsorção química. A investigação revelou que o carvão derivado de lamas pode ser utilizado para tratar águas residuais de antibióticos.

Phuengprasop et al. (2011) utilizaram a lama de esgoto municipal modificada com óxido de ferro na remoção de iões metálicos. Neste estudo, foi utilizada uma técnica de lote para estudar as diferentes condições de remoção de iões Cu (II), Cd (II), Ni (II) e Pb (II) de soluções. Verificou-se que a eficiência de remoção aumentou com o aumento do pH de 2 para 8. Por conseguinte, para a adsorção de Cd (II) e Ni (II), o valor do pH na extração foi mantido a 7; por outro lado, o pH de 6 foi mantido para os iões Cu (II) e 5 para os iões Pb (II). As isotérmicas de adsorção para a adsorção dos iões metálicos ajustaram-se melhor à isotérmica de Langmuir. O estudo comparou a capacidade de adsorção das lamas revestidas com ferro com a de outros adsorventes, como as lamas de depuração, as cinzas de lamas de depuração e outros adsorventes modificados com óxido de ferro. A capacidade máxima de adsorção das lamas revestidas com óxido de ferro para Cu (II), Cd (II), Ni (II) e Pb (II) foi de 17,3, 14,7, 7,8 e 42,4 mg/gm, respetivamente, o que foi superior à dos adsorventes acima referidos.

Monsalvo et al. (2011) prepararam carvões activados com atributos distintos a partir de lamas de depuração secas, utilizando CO2, ar e KOH como agentes activadores. Os resultados indicaram que a ativação física não produziu carvões activados com mais de 100 m^2/g de área de superfície BET, enquanto que cerca de vinte vezes mais área de superfície poderia ser obtida por ativação química. O carvão ativado pode ser derivado de lamas de depuração (ACSS) (Wen et al., 2011). A comparação com três carvões activados comerciais revelou que o ACSS tinha uma excelente capacidade de adsorção a concentrações de 498 mg/m^3 e 0,41 mg/m^3, respetivamente. Isto deveu-se à maior área de superfície e à maior percentagem de microporos combinados com grupos funcionais hidrofílicos como -OH, -NH2, -NO2 e C = O. Os materiais derivados de lamas de depuração podem funcionar produtivamente como adsorventes de dióxido de enxofre do ar húmido (Bashkova et al., 2002). O SO2 na superfície destes materiais começou por ser fisicamente adsorvido e posteriormente oxidado em SO3 e, mais tarde, transformado em ácido sulfúrico.

2.7.4 Lamas industriais como adsorvente

As lamas industriais podem ser utilizadas para obter adsorventes, que, por sua vez, podem ser utilizados para o tratamento de águas residuais. O carvão ativado preparado a partir de resíduos industriais apresenta uma capacidade extraordinária de remoção de corantes de resíduos de corantes em comparação com os carvões activados comerciais (Geethakarthi e

Phanikumar, 2011b). Os carvões activados derivados de resíduos industriais podem ser utilizados comercialmente para a remoção de corantes. Factores como a natureza dos resíduos industriais, o pH e o composto tóxico presente no corante determinaram a seleção do processo de ativação.

Vários investigadores utilizaram lamas de curtumes (Reddy et al., 2008; Geethkarthi e Phanikumar, 2011a), lamas de fábricas de papel (Khalili et al., 2000; Khalili et al., 2002), camas de aves de capoeira (Guo et al., 2010), subprodutos agrícolas (Ng et al., 2002) para o tratamento de águas residuais. Khalili et al. (2000) prepararam carvão ativado micro e meso-poroso a partir de lamas de fábricas de papel. O objetivo do estudo era otimizar o processo envolvido na obtenção de carvão ativado a partir de lamas. Foi utilizado ZnCl2 para a ativação do carvão ativado. Foi obtido carvão ativado com uma área de superfície de 1000 m^2 /g. Mais tarde, Khalili et al. (2002) investigaram a caraterização do carvão ativado e do carvão bioativo produzidos a partir de lamas de fábricas de papel. A remoção de fenol foi observada até 97%. O rácio de lamas para ZnCl2 variou de 1:1 a 2,5:1. Os resultados obtidos mostraram que a estrutura microporosa do carvão ativado depende da proporção de ZnCl2 utilizada durante a ativação. Hojamberdiev et al. (2008) também fabricaram três adsorventes a partir de lamas de papel (PS), utilizando processos de tratamento distintos. Durante os ensaios experimentais, foram preparadas três amostras: uma por pulverização do material e aquecimento do PS no ar, a segunda por um granulado preparado por trituração, formação e aquecimento do PS no ar e a terceira por um pó preparado por ativação física do PS em azoto húmido corrente. Estas três amostras foram aquecidas a 600-900^C durante 6 h. Os dados dos ensaios ajustaram-se bem à isotérmica de Langmuir.

Um adsorvente carbonoso de baixo custo pode ser um material útil para a remoção de corantes. Jain et al. (2003) prepararam adsorventes de baixo custo a partir de resíduos como poeiras de alto-forno, lamas e escórias de siderurgia e lamas de carbono de fábricas de fertilizantes. Os adsorventes fabricados por ativação são caracterizados quimicamente e a área de superfície foi determinada. O adsorvente obtido a partir de lama de carbono demonstrou possuir uma área de superfície apreciável (380 m^2 /g); enquanto que os outros três adsorventes apresentaram uma fraca disponibilidade de área de superfície (4 -28 m^2 /g). O estudo de adsorção foi efectuado em três corantes básicos, isto é, crisoidina G, violeta cristal e azul de meldola. A análise revelou que houve uma remoção apreciável do corante apenas devido ao adsorvente carbonoso

Hung-Lung et al. (2005) reutilizaram lamas biológicas como matéria-prima adsorvente, selecionadas de uma estação de tratamento de águas residuais da indústria petroquímica. Para efeitos de ativação, as lamas biológicas foram imersas em diferentes concentrações de soluções de ZnCl2 e pirolisadas a diferentes temperaturas e tempos. Os resultados mostraram que as lamas biológicas imersas em ZnCl2 a 1 M, pirolisadas a 500° C durante 30 minutos, podem ser reutilizadas. Os resultados do adsorvente derivado das lamas biológicas foram comparados com os dos carvões activados comerciais.

A adsorção de benzeno foi de 65% em comparação com os carvões activados comerciais. A análise do tamanho dos poros confirmou que o meso-poro contribuiu mais do que o macroporo e o microporo no resíduo pirolisado. O estudo também revelou que as lamas biológicas podem ser reutilizadas como adsorvente para a adsorção de poluentes gasosos e líquidos após os procedimentos de pré-tratamento adequados. Por outro lado, Lu (2006) preparou adsorventes a partir de resíduos de materiais carbonáceos para a remoção de SOx e NOx. Bhatnagar e Jain (2005) prepararam adsorventes a partir de resíduos industriais obtidos nas indústrias do aço e dos fertilizantes. O estudo explorou a capacidade de um adsorvente para remover corantes catiónicos. Os adsorventes preparados a partir de lamas de alto-forno, poeiras e escórias apresentavam uma porosidade pobre e uma área de superfície reduzida, o que provocou uma eficiência muito baixa na adsorção de corantes. Por outro lado, um adsorvente carbonoso preparado a partir de lama de carbono adquirida na indústria de fertilizantes demonstrou uma boa porosidade e uma área de superfície apreciável e uma maior eficiência na remoção do corante. Os dados obtidos durante a investigação estão em conformidade com a equação de Langmuir. Verificou-se que o adsorvente carbonoso fabricado apresentou uma eficiência de remoção de corante de 80-90%, que é superior à do carvão ativado padrão.

O carvão ativado derivado de lamas de curtume pode ser utilizado para a remoção de cor de resíduos de tintas têxteis (Reddy et al., 2008). Neste estudo, o carvão ativado foi obtido através da pirólise de lamas de curtume a 650° C durante 2 horas e posteriormente ativado com $ZnCl_2$. Os resultados também mostraram que houve um aumento da capacidade de adsorção com uma diminuição do pH. Os parâmetros que variaram durante o estudo foram a dosagem de adsorvente, o pH inicial, o tempo de contacto, a temperatura e a concentração inicial de corante. Os dados experimentais ajustaram-se bem às isotérmicas de Freundlich e Langmuir. O equilíbrio foi atingido após 60 minutos durante os ensaios experimentais. Os testes TCLP confirmaram que o carvão ativado derivado de lamas de curtume pode ser utilizado com segurança no tratamento de resíduos de corantes. Num outro estudo, o adsorvente derivado de lamas de curtume foi utilizado para a remoção de corantes reactivos. Os dados experimentais ajustaram-se bem às isotérmicas de Langmuir e Freundlich (Geethakarthi e Phanikumar, 2011a). Os resultados mostraram que a ativação química aumentou o volume dos meso-poros em 600%.

Guo et al. (2010) utilizaram a cama de aves de capoeira (PL) para produzir carvão ativado para a remoção de iões de metais pesados na água. Verificou-se que o carvão ativado de cama de aves possui uma maior capacidade de adsorção para a remoção de iões metálicos.

Durante o equilíbrio, 404,5 mmol de Cu^{2+}, 945,2 mmol de Pb^{2+}, 235,5 mmol de Zn^{2+}, e 250-300 mmol de Cd^{2+} foram adsorvidos por kg de carbono PL. A adsorção de iões metálicos no carbono PL atingiu o equilíbrio em 18 horas. O modelo Sigmoidal Chapmen foi utilizado para modelar os dados de adsorção A cinética de adsorção seguiu um modelo Sigmoidal Chapmen. Por conseguinte, as lamas das fábricas de têxteis têm potencial para serem utilizadas como adsorventes para a remoção de corantes de águas residuais de tinturaria. Se as lamas das fábricas de têxteis forem incineradas numa mufla e utilizadas como adsorvente para a remoção de corantes sem qualquer ativação química, é provável que se obtenham resultados encorajadores.

2.8 REMOÇÃO DE CORANTES POR TRATAMENTO DE COAGULAÇÃO

A utilização de alúmen como coagulante e em combinação com outros compostos, como o PAC, para a remoção de corantes, foi investigada em numerosos estudos. Klimiuk et al. (1999) estudaram o impacto do pH e da dosagem de PAC na adequação da remoção de corantes reactivos. Foi efectuada uma investigação para DG turquesa, DB-8 vermelho, OGR laranja e DN preto. Durante a investigação experimental, o pH foi mantido entre 3,5 e 7,0 e as dosagens de PAC entre 0,3 e 4,0 mg Al/mg de corante. As principais conclusões do estudo foram: o grau de remoção do corante dependeu do pH e da dosagem do coagulante; nas dosagens óptimas de coagulante, a remoção da cor dependeu da concentração inicial do corante.

O sulfato de alumínio (alúmen), o cloreto de polialumínio (PAC) e o cloreto de magnésio (MgCl2) também podem ser utilizados como coagulantes juntamente com polieletrólitos para a remoção de corantes dispersos e reactivos. Wen et al. (1993) efectuaram estudos com os coagulantes acima mencionados. A dosagem do coagulante variou entre 100ppm e 5000 ppm. A remoção máxima de corante observada foi de 90 a 100%. A remoção do corante Acid Red 398 (AR398) da solução contendo corante utilizando um processo de coagulação/floculação com PAC e alúmen foi investigada por Zonoozi et al. (2008). Os resultados mostraram que o pH ótimo, no qual ocorreu a remoção máxima, foi de cerca de 4 e 5 para o CAP e o Alúmen, respetivamente. No entanto, o CAP teve um desempenho eficiente numa gama de pH mais ampla. Abdul-Razzaq (2011) investigou o desempenho do alúmen e do CAP através do teste de jarros, comparando a percentagem de remoção de corante em diferentes pH de águas residuais, dose de coagulante e concentração inicial de corante. Os resultados mostraram que o alúmen funciona melhor do que o PAC em meios ácidos (5-6) e o PAC funciona melhor em meios básicos (7-8) na remoção dos corantes castanho solar e preto direto.

2.9 REUTILIZAÇÃO DE CINZAS VOLANTES COMO COAGULANTE

As lamas industriais e de depuração na forma seca não são solúveis em água. No entanto, as cinzas de lamas industriais e as cinzas volantes podem possuir cargas superficiais que podem ser úteis na remoção de impurezas da água e das águas residuais. Existem poucas provas na literatura de que as cinzas volantes são utilizadas como coagulante/coadjuvante de coagulação.

2.9.1 Necessidade de reutilização das cinzas volantes como coagulante

O tratamento físico-químico com coagulantes é caracterizado por uma pequena necessidade de terreno, equipamento simples, fácil operação e gestão, etc., e é a medida mais praticável para o tratamento de águas residuais. Atualmente, os coagulantes e os floculantes são utilizados no tratamento de efluentes industriais em grande escala (Sui, 2000). Para reduzir o custo da operação e como um passo em direção a uma opção de gestão sustentável das lamas, podem ser utilizadas cinzas volantes e cinzas de lamas industriais para o tratamento de águas residuais.

2.9.2 Cinzas volantes como coagulante

Viraraghavan (1992) e Sui (2000) referiram que as cinzas volantes podem ser utilizadas como coagulante no tratamento de águas. O autor utiliza cinzas volantes de quatro fontes em determinadas proporções. O estudo revelou que a cinza volante ajuda na coagulação química da água turva e na sedimentação de flocos induzidos quimicamente. A coagulação com cinzas volantes e alúmen produziu uma lama mais densa do que apenas com alúmen. Os testes laboratoriais mostraram que as cinzas volantes da lenhite de Neyveli, se utilizadas no tratamento de águas turvas, ajudam na sedimentação. Se as cinzas volantes forem utilizadas no tratamento de águas residuais, podem remover significativamente a CQO e os SS (Viraraghavan, 1992).

Zao et al. (2011) documentaram que a lama vermelha é um resíduo produzido em grandes quantidades pela indústria do alumínio. Um novo coagulante poderia ser derivado dela. Neste estudo, foi efectuada a transformação da lama vermelha num novo coagulante inorgânico composto. Este coagulante foi utilizado para a remoção de fosfatos do licor de decapagem clorídrico da bauxite. O impacto de diferentes factores físico-químicos, como o pH, a força iónica e a temperatura da água, no desempenho do coagulante preparado foi também estudado por eles. Foi determinado o desempenho de coagulação do coagulante composto no tratamento de águas residuais municipais pré-tratadas biologicamente e de águas eutróficas. O potencial de lixiviação de metais pesados do coagulante também foi verificado. Quando comparado com o coagulante comercial de cloreto de polialumínio (PAC 1), poderia incentivar a eficiência de remoção de fosfato de 4,9% para 10,4%. O coagulante derivado da lama vermelha teve uma melhor execução da coagulação em comparação com o coagulante comercial de cloreto de polialumínio.

Assim, as lamas da fábrica de têxteis podem também ser incineradas a uma temperatura elevada (800° C) durante 2 horas para se transformarem em cinzas de lamas. As cinzas de lamas de fábricas têxteis podem funcionar como um bom coagulante, uma vez que são mais baratas e facilmente disponíveis (em aglomerados têxteis) como coagulante/auxiliar de coagulação em comparação com o alúmen, se for utilizado na remoção de corantes de águas residuais de tinturaria.

2.10 DESTAQUES DA REVISÃO DA LITERATURA

i.   O principal objetivo da reutilização das lamas é aumentar o consumo a granel e disponibilizar materiais de construção alternativos de baixo custo e ambientalmente sustentáveis.

ii.   A utilização de lamas de depuração ou de lamas industriais/cinzas de lamas depende em grande medida da sua caraterização. Foram utilizadas técnicas avançadas como XRF, XRD, SEM-EDS, etc. para a caraterização de lamas e outras matérias-primas.

iii.   A proporção de lamas em tijolos e betão foi limitada a 10 a 30%.

iv.   A resistência à compressão destes materiais de construção diminui com o aumento do teor de lamas. Assim, a sua adição máxima depende invariavelmente dos requisitos de resistência.

v.   São necessários estudos de lixiviação para garantir o menor impacto ambiental destes materiais de construção alterados com lamas.

vi.   A obtenção de adsorventes a partir de lamas depende em grande medida da temperatura adoptada para a incineração e da técnica de ativação química ou física adoptada.

vii.   Existem muito poucas provas relativas à reutilização de cinzas volantes como coagulante. Os estudos de investigação efectuados sobre vários tipos de lamas restringiram-se à sua reutilização em materiais de construção (tijolos, telhas, blocos sólidos de argamassa, etc.) ou apenas como adsorvente. A reutilização de lamas de fábricas de têxteis em blocos SC e SCF, bem como a reutilização de cinzas de lamas de fábricas de têxteis sem ativação química e para estudo de coagulação não foram estudadas anteriormente. Por conseguinte, decidiu-se realizar um estudo sobre a reutilização de lamas de fábricas têxteis como material de construção [blocos sólidos à base de lamas e cimento *(novo produto)*, blocos sólidos à base de cimento-lamas e cinzas de mosca *(novo produto)*, tijolos de argila queimada e em diferentes graus de betão]. Foi planeada a reutilização de cinzas de lamas sem qualquer ativação química para adsorção de corantes Remazol e remoção de corantes Remazol utilizando cinzas de lamas como coagulante ou auxiliar de coagulante *(novo produto)*.

CAPÍTULO 3

MATERIAIS E METODOLOGIAS

3.1 GERAL

Este capítulo aborda a metodologia experimental em pormenor, seguida dos materiais/técnicas utilizados para verificar a viabilidade das lamas de fábricas têxteis como diferentes opções de reutilização.

3.2 DESCRIÇÃO DO ESTUDO

Todo o estudo efectuado está dividido em diferentes partes, como mostra o fluxograma (Fig. 3.1)

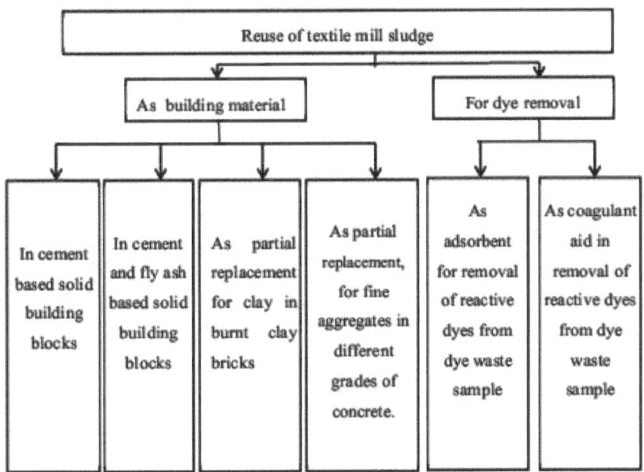

Fig. 3.1: Esquema do estudo para reutilização de lamas de fábricas têxteis

A reutilização de lamas de fábricas têxteis em blocos SC e SCF foi identificada como um novo produto. Do mesmo modo, a reutilização de cinzas de lamas de fábricas têxteis incineradas sem qualquer ativação como auxiliar de coagulação foi também identificada como um novo produto.

3.2 REUTILIZAÇÃO DE LAMAS DE MOINHOS TÊXTEIS EM PRODUTOS SÓLIDOS À BASE DE CIMENTO

BLOCOS

Devido à falta de ligação interparticular entre as partículas de lamas da fábrica de têxteis, era difícil fazer blocos sólidos apenas com as lamas. Por conseguinte, foi adicionado cimento como material de ligação.

3.2.1 Materiais

As lamas da fábrica de têxteis foram recolhidas em forma seca em Somany Evergreen Knits Pvt. Ltd, MIDC Kondi, Solapur, estado de Maharashtra, Índia. As lamas da fábrica de têxteis foram embaladas em sacos de polietileno e armazenadas no laboratório num local seco para estudos posteriores. O cimento necessário para a investigação foi adquirido num mercado local. Foi utilizado cimento Portland normal de grau 43 [Marca - JK] em conformidade com os requisitos BIS [BIS: 8112 (1989)]. As cinzas volantes foram recolhidas de um fabricante local de tijolos. A fonte de cinzas volantes foi a central térmica de Parali, em conformidade com as especificações BIS [BIS: 3812 (Parte - I - III) 1981].

3.2.2 Metodologia

As amostras de lamas de fábricas têxteis, cinzas volantes e cimento foram analisadas quanto à sua composição química através da técnica de fluorescência de raios X (XRF) no SAIF, IIT, Bombaim, Índia. Também foram determinados parâmetros como o pH, a condutividade eléctrica, os sólidos totais dissolvidos (métodos instrumentais), o teor orgânico, o teor de humidade e a gravidade específica como parte da caraterização.

As lamas têxteis secas no forno foram utilizadas para fabricar os blocos sólidos à base de cimento com um teor de água de 30%. Não foram adicionados agregados grosseiros nos blocos de cimento de lamas, de modo a preparar blocos leves. As seguintes proporções (em percentagem

peso) foram utilizados para fazer blocos de lama e cimento (SC). 9:1, 8:2, 7:3, 6:4, 5:5, 4:6, 3:7 e 2:8

O tamanho dos blocos SC selecionados para os ensaios foi de 70 mm x 70 mm x 70 mm com o tamanho do molde de 70,6 mm x 70,6 mm x 70,6 mm de acordo com BIS 10080 (1982). Os blocos sólidos SC foram moldados e, no dia seguinte, os cubos foram mantidos em água para a cura. Foram utilizados tanques de cura separados para cada proporção de lamas de cimento para a cura destes blocos. Os cubos SC foram verificados quanto à sua resistência à compressão após três, sete e vinte e oito dias de cura, respetivamente. Também foi registada a densidade dos blocos SC.

Quando as lamas das fábricas de têxteis são reutilizadas em materiais de construção, é importante verificar o que está a ser lixiviado destes materiais de construção durante a cura, mesmo que o período seja pequeno. Isto é necessário para monitorizar a lixiviação durante o processo de cura no local. A água utilizada para a cura também foi monitorizada para estudar o padrão de lixiviação dos blocos SC. Os resultados deste estudo darão uma ideia sobre o que está a ser lixiviado no local durante o processo de cura. Para tal, as variações da condutividade eléctrica (CE) e dos sólidos totais dissolvidos (TDS) foram monitorizadas diariamente durante um período de 28 dias. Depois de decorridos 28 dias, a água de cura foi analisada quanto a sólidos, dureza, cloretos e turvação, de acordo com as metodologias padrão para o exame da água e das águas residuais.

Em investigações posteriores, com o objetivo de reduzir o consumo de cimento, o teor de lamas foi mantido constante, ou seja, 30%. O cimento foi substituído por cinzas volantes (percentagem em peso) em decréscimos de 10% de 70% até 20%. As proporções (em percentagem de peso) foram as seguintes para os blocos de lamas, cimento e cinzas volantes (SCF) - 3:6:1, 3:5:2, 3:4:3:, 3:3:4,3:2:5. O restante procedimento seguido para o SCF foi o mesmo que no caso dos blocos SC. O procedimento para a determinação da densidade e da resistência à compressão foi o mesmo em comparação com os blocos SC.

Para o bloco SC e os blocos SCF, a água de cura foi agitada e, em seguida, a água de cura foi recolhida de cada tanque de cura após 28 dias e seca em estufa a 105^0 C durante 24 horas. Após a secagem, o resíduo seco foi pulverizado e analisado quanto ao seu conteúdo elementar, a fim de verificar a presença de metais pesados, utilizando um microscópio eletrónico de varrimento (SEM-EDS) no Instituto Nacional de Tecnologia, Karnataka (NITK), Surathkal.

A tabela seguinte mostra os passos/metodologias, juntamente com os códigos BIS relevantes, adotados na reutilização das lamas da fábrica de têxteis em blocos sólidos à base de cimento.

Tabela 3.1: Metodologia adoptada para a reutilização de lamas de fábricas de têxteis em

blocos sólidos à base de cimento

\Reutilização do lamas de moinhos têxteis em Metodologias/-> Caraterísticas do estudo	Blocos de construção sólidos de lamas-cimento (SC)	Blocos sólidos de lamas-cimento-cinzas de mosca (SCF)
Ingredientes (exceto água)	Moinho têxtil Lamas (secas no forno)-cimento (SC)	Moinho têxtil Lamas (secas em estufa)-cinzas de cimento e mosca (SCF)
Ensaios físicos e químicos das lamas	pH, condutividade eléctrica, sólidos totais dissolvidos (métodos instrumentais) teor orgânico, teor de humidade (CPHEEO, 2000) gravidade específica [BIS: 2720 (Parte III/Sec. 2), 1980]	
Proporção de materiais	Rácio de lamas e cimento (% peso) 9:1, 8:2, 7: 3, 6:4, 5:5, 4:6, 3:7, 2:8	Rácio de lamas, cimento e cinzas volantes (teor constante de lamas) (% wt) 3:6:1, 3:5:2, 3:4:3, 3:3:4, 3:2:5
Tamanho dos blocos utilizados no estudo	70 mm x 70 mm x 70mm [BIS: 10080, (1982)]	
Determinação da densidade	Por medição de volume e massa	
Resistência à compressão determinação	Após cura de 3 dias, 7 dias e 28 dias [BIS: 4031 (Parte 6) (1988)] e um ano (condições ligeiramente ácidas)	
Controlo diário da água utilizada para a cura	Condutividade eléctrica (CE), sólidos totais dissolvidos (métodos instrumentais)	
Análise da água utilizada para a cura relativamente aos parâmetros químicos após 28 dias	Alcalinidade, dureza, turvação, cloretos e sólidos (APHA, 2005)	
Análise elementar	Para o controlo da presença de metais pesados na água utilizada para a cura. (Microscópio eletrónico de varrimento - microanálise de raios X por dispersão de energia, no NITK, Surathkal).	
Controlo em condições extremas	Cura em água ácida (pH = 5) durante um ano	

Para verificar o efeito da cura ácida, os blocos sólidos SC e os blocos sólidos SCF são mantidos em água ácida com pH 5 (utilizando HCl 0,00001N diluído) durante 365 dias. Após um ano, estes blocos sólidos são testados quanto à sua resistência à compressão.

3.3 REUTILIZAÇÃO DE LAMAS DE FÁBRICAS TÊXTEIS EM TIJOLOS DE BARRO QUEIMADO

3.3.1 Materiais

De acordo com a prática atual na cidade de Solapur e nas suas imediações, os fabricantes de tijolos utilizam três tipos de solos [solo vermelho (a textura dos solos vermelhos varia entre areia e argila), solo branco (argila à base de Murum) e solo preto (solo de algodão preto)]. Os fabricantes de tijolos seguem procedimentos de acordo com a norma BIS: 11650 (1991) para o fabrico de tijolos. Por conseguinte, decidiu-se efetuar ensaios experimentais com os mesmos tipos e proporções de solos. As amostras de solo foram recolhidas de um fabricante de tijolos local.

3.3.2 Metodologia

As amostras de solo foram analisadas para conhecer a composição química dos solos utilizando plasmas indutivamente acoplados - espetroscopia de emissão atómica (ICP-AES) no SAIF, IIT, Bombaim, Índia. A fim de determinar a percentagem de água a adicionar durante a preparação dos tijolos, foi efectuado um ensaio de proctor normalizado para cada tipo de amostra de solo, de acordo com a norma BIS: 2720 (Parte VII) 1980.

A proporção de três tipos de solos (vermelho, branco e preto) foi efectuada de acordo com a prática seguida pelo fabricante local de tijolos para um estudo comparativo. Os tijolos foram preparados utilizando 40% de solo vermelho, 40% de solo branco e 20% de solo preto, em peso. A combinação destes solos é designada por "material de base". O material de base foi substituído por lamas de fábricas têxteis em percentagem de peso, começando com 95% de material de base e 5% de lamas de fábricas têxteis até 65% de material de base e 35% de lamas de fábricas têxteis (em intervalos de 5%). Como foi fundido um grande número de tijolos, decidiu-se utilizar moldes de 70,6 mm x 70,6 mm x 70,6 mm para a fundição dos tijolos. Após a moldagem, os tijolos foram secos ao ar livre à sombra (do laboratório) durante dois dias e depois secos à luz do sol durante os quatro dias seguintes. O peso dos tijolos secos ao sol foi registado. Os tijolos secos ao sol foram mantidos numa mufla a temperaturas variáveis (600^0 C, 700^0 C e 800^0 C) e períodos de cozedura variáveis (8 horas, 16 horas e 24 horas) para estudar o efeito de temperaturas de cozedura e períodos de cozedura variáveis. Os tijolos foram deixados arrefecer completamente. O peso e o volume dos tijolos após a cozedura foram anotados. Os tijolos foram então utilizados para determinar a densidade e a resistência à compressão. A durabilidade dos tijolos pode ser avaliada através do ensaio de absorção de água. Os tijolos cozidos e arrefecidos foram pesados e mantidos em água durante 24 horas. Os tijolos foram pesados novamente após 24 horas para determinar a percentagem de absorção de água. A eflorescência dos tijolos é medida de acordo com o procedimento do código BIS.

Para investigar a causa da variação na diminuição da densidade das lamas de fábricas têxteis, foram enviadas três amostras de solo (solos vermelho, branco e preto) para análise termogravimétrica no SAIF (Sophisticated Analytical Instrument facility), IIT, Bombaim.

Os resultados dos testes revelaram que a temperatura de cozedura de 800^0 C e 24 horas de cozedura dão bons resultados (considerando a resistência à compressão e a absorção de água) em comparação com outras combinações de temperatura e período de cozedura. Por conseguinte, três amostras de pó de tijolo triturado que passaram por um peneiro de 300 microns foram enviadas para análise química no SAIF (Sophisticated Analytical Instrument facility), IIT, Mumbai, utilizando a técnica XRF. Das três amostras, uma era de tijolo com material de base, ou seja, sem adição de lamas. A segunda amostra era de tijolos com 85% de material de base e 15% de lamas de moinho têxtil, que era o máximo que se podia adicionar de lamas sem comprometer a resistência à compressão e a absorção de água. Uma terceira amostra foi constituída por tijolos com 65% de material de base e 35% de lamas de fábricas têxteis, que foi a percentagem máxima de lamas adicionada durante o estudo.

No caso dos tijolos de argila queimada, a quantidade máxima de lamas que podia ser adicionada era de 15%, o que dava resultados dentro dos limites em termos de resistência à compressão (mínimo de 3,5 MPa) e de absorção de água (máximo de 20%), em conformidade com a norma BIS:3495 (parte I-IV), 1992. Por conseguinte, para verificar o potencial de lixiviação, este tijolo foi pulverizado e analisado através do teste TCLP [Toxicity Characteristic Leaching Procedure proposto pela USEPA (1992)] no SAIF, IIT, Bombaim.

As etapas/metodologias adoptadas na reutilização de lamas de fábricas têxteis em tijolos de argila queimada, juntamente com os códigos BIS relevantes, são apresentadas na tabela 3.2.

Tabela 3.2: Metodologia adoptada para a reutilização de lamas de fábricas têxteis em tijolos de barro queimado

Reutilização das lamas das fábricas têxteis em Metodologias/ Caraterísticas do estudo >	Tijolos de barro queimado
Ingredientes (exceto água)	Terra branca, terra vermelha e terra preta (material de base). Lamas de fábricas de têxteis
Proporção de materiais	Substituição do material de base por lamas até 35% em peso (Intervalo - 5%)
Tamanho dos tijolos utilizados no estudo	70 mm x 70 mm x 70 mm [BIS: 10080, (1982)]
Temperatura e período de cozedura	600° , 700° e 800° C 8 horas, 16 horas e 24 horas (9 combinações possíveis de temperatura e períodos de cozedura)
Ensaios de parâmetros estruturais	Densidade e resistência à compressão [BIS:3495 (parte I-IV), 1992]
Outros testes	Absorção de água e eflorescência [BIS:3495 (parte I-IV), 1992]
Análise elementar	Para verificar a composição das amostras de tijolo selecionadas (3 em número) e o potencial de lixiviação da amostra de tijolo de combinação óptima, utilizando a fluorescência de raios X (XRF) e o ensaio TCLP, respetivamente

3.4 REUTILIZAÇÃO DE LAMAS DE FÁBRICAS TÊXTEIS EM DIFERENTES GRAUS DE

CONCRETO

3.4.1 Materiais

O cimento Portland normal (OPC) - 43 graus [Marca - JK Cement] foi adquirido no mercado local de Solapur e armazenado num local seco no laboratório. Os agregados finos e os agregados grossos foram adquiridos a vendedores locais em Solapur.

3.4.2 Metodologia

Os ingredientes do betão, nomeadamente o cimento, os agregados grossos e os agregados finos, são testados quanto aos seus parâmetros básicos de acordo com os procedimentos do código BIS. Os cálculos de conceção da mistura para os graus de betão M20, M25 e M30 foram efectuados em conformidade com a norma BIS: 10262 (2009). De acordo com a conceção da mistura, foram moldados cubos de betão convencionais de 15 cm x 15 cm x 15 cm com 0% de lamas têxteis. Todos os ingredientes foram doseados utilizando uma balança eletrónica com capacidade para 200 kg.

Tabela 3.3: Metodologia adoptada para a reutilização de lamas de fábricas de têxteis em diferentes tipos de betão

Reutilização das lamas da fábrica de têxteis em Metodologias/ Caraterísticas do estudo	Betão das classes (M20, M25 e M30)
Ingredientes (exceto água)	Cimento, agregados finos, agregados grossos, lamas de moinhos têxteis
Proporção de materiais	Projeto de mistura de acordo com [BIS: 10262 (2009)]. Substituição do agregado fino por lamas até 36% em incrementos de 4%.
Testes sobre - Cimento - Agregados finos - Agregados grosseiros	Finura [BIS:4031 (Parte 1), 1999], tempo de endurecimento (BIS:4031, 1968), solidez (BIS:4031, 1968) análise granulométrica, impurezas orgânicas e teor de silte, percentagem de volume, absorção de água e gravidade específica, densidade aparente [BIS:2386 (Parte 3), (1963)] Análise granulométrica [BIS:2386 (Parte 1), (1963)], absorção de água, gravidade específica e densidade aparente [BIS: 2386 (Parte 3), (1963)]
Ensaios em betão fresco	Cone de abatimento e fator de compactação para determinar a trabalhabilidade (BIS:1199, 1959)
Determinação da densidade	Medição de volume e massa
Determinação da resistência à compressão	3 dias, 7 dias e 28 dias (cura normal) e um ano (condições ligeiramente ácidas)
Controlo diário da água utilizada para a cura	Condutividade eléctrica (CE), sólidos totais dissolvidos (métodos instrumentais)
Análise da água utilizada para a cura relativamente aos parâmetros químicos após 28 dias	Alcalinidade, dureza, turvação, cloretos e sólidos (APHA, 2005)
Controlo do efeito de condições ligeiramente ácidas	Cura em água ácida (pH = 5) durante um ano.

Durante o processo de moldagem, foram medidas as propriedades do betão fresco, tais como o slump cone e o fator de compactação, para verificar a trabalhabilidade da mistura. Os agregados finos foram parcialmente substituídos por lamas de moinho têxtil peneiradas através de um peneiro de 4,75 mm. A percentagem de lamas aumentou de 4% para 36% (em peso percentual) em incrementos de 4%. No total, foram moldados 12 cubos, 3 cubos para 3 dias, 3 cubos para 7 dias, 3 cubos para 28 dias para determinação da resistência à compressão e 3 cubos para manter num ambiente ácido durante um ano. Os cubos de betão endurecido foram mantidos em tanques de cura separados para a cura. Após 28 dias, estes cubos de betão foram verificados quanto à densidade e à resistência à compressão. Para cada tipo de cubo de betão, a resistência à compressão de 3 dias, 7 dias e 28 dias é medida utilizando uma máquina de ensaios de compressão com uma capacidade de 2000 KN. A água utilizada para a cura após 28 dias foi recolhida de tanques de cura separados e depois foi seca no forno e transformada em pó. A água em pó utilizada para a cura de todas as amostras foi analisada por SEM (EDS) no NITK, Surathkal, Karnataka, para uma análise elementar aproximada, a fim de verificar a presença de metais pesados. Os cubos de betão para M20, M25 e M30 com adições de lamas de 0% a 36% com intervalos de 4% são mantidos num grande tanque de cura. O pH da água utilizada para a cura foi mantido a 5 utilizando HCl. Após um ano, os cubos foram testados quanto à sua resistência à compressão. A Tabela 3.3 mostra as metodologias/etapas seguidas para a reutilização de lamas de fábricas têxteis em diferentes graus de betão com os códigos BIS relevantes.

Após a realização de testes ao cimento, agregados finos e agregados grossos, os valores necessários para o procedimento de conceção da mistura foram utilizados para cálculo.

3.5 CONCEPÇÃO DA MISTURA DE BETÃO

A conceção da mistura de betão envolve um processo analítico simples em conformidade com os procedimentos estabelecidos por algumas normas, como o Código BIS. Este processo analítico permite estimar as quantidades dos ingredientes do betão para produzir um volume unitário de betão fresco. Para este estudo, o método adotado foi o da BIS: 10262 (2009). Antes de efetuar o doseamento da mistura, foram realizados ensaios laboratoriais básicos para cada um dos ingredientes. Os ensaios básicos foram enumerados numa secção anterior.

3.5.1 Etapas do procedimento de conceção da mistura de betão

As principais etapas na conceção de uma mistura de betão, de acordo com BIS: 10262 (2009), são apresentadas abaixo.

3.5.1.1 Resistência média alvo

Para a conceção da mistura, a prática geral consiste em produzir a amostra de betão com quantidades calculadas e curar os cubos no laboratório e, em seguida, realizar o ensaio. O controlo das quantidades é de precisão laboratorial. Quando estas proporções são utilizadas no local, o grau de qualidade será definitivamente reduzido devido às práticas no local e presume-se que a resistência também será reduzida em certa medida. Para ter em conta esta redução da resistência, a resistência caraterística será aumentada através da utilização de uma fórmula padrão em relação ao desvio nos graus de controlo de qualidade e espera-se que o cubo testado em laboratório para misturas experimentais satisfaça o nível de resistência aumentado, que é conhecido como resistência média alvo.

$$\text{Resistência média alvo} = \text{fck} + 1,65\,S \qquad \text{eq. 3.1}$$

em que, fck = resistência caraterística

S = desvio-padrão para o grau de betão correspondente

1,65 é o fator de probabilidade que se mantém constante

De acordo com BIS:10262 (2009), os valores do desvio-padrão podem ser assumidos da seguinte forma, conforme indicado no Quadro 3.4

Tabela 3.4: Desvio padrão assumido

N.º Sr.	Código do betão	Desvio padrão assumido (MPa)
I	M20	4.0
II	M25	> 5.0
III	M30	
IV	M35	
V	M40	
VI	M45	
VII	M50	-s
VIII	M55	J

3.5.1.2 Seleção da relação água-cimento

Dependendo das condições de exposição, o grau de betão, a relação água-cimento máxima e o teor mínimo de cimento são apresentados no Quadro 3.5 [BIS 456 (2000)].

Tabela 3.5: Teor mínimo de cimento, relação água-cimento máxima e classe mínima de betão para diferentes exposições com agregado de peso normal de 20 mm de dimensão nominal máxima

Exposição	Betão de cimento simples			Betão de cimento armado		
	Min. Teor de cimento Kg/m^3	Máximo. Água livre Rácio de cimento	Min. Grau de betão Kg/m3	Min. Teor de cimento Kg/m3	Máximo. Água livre Rácio de cimento	Min. Grau de betão Kg/m^3
Suave	220	0.6	-	300	0.55	M 20
Moderado	240	0.6	M 15	300	0.5	M 25
Grave	250	0.5	M 20	320	0.45	M 30
Muito grave	260	0.45	M 20	340	0.45	M 35

3.5.1.3 Seleção do teor de água

O teor de água do betão é influenciado por uma série de factores, tais como a dimensão do agregado, a forma do agregado, a textura do agregado, a trabalhabilidade, a relação água-cimento, o tipo e o teor de cimento e de outros materiais cimentícios suplementares, a mistura química e as condições ambientais. Um aumento da dimensão dos agregados, uma redução da relação água-cimento e do abatimento, e a utilização de agregados arredondados e de aditivos redutores de água reduzirão as necessidades de água. Por outro lado, o aumento da temperatura, o teor de cimento, o abatimento, a relação água-cimento, a angularidade do agregado e a diminuição da proporção entre o agregado grosso e o agregado fino aumentarão as necessidades de água.

A quantidade máxima de água de amassadura por unidade de volume de betão pode ser determinada a partir do Quadro 3.6. O teor de água no Quadro 3.6 é para agregados grossos angulares e para uma gama de abatimentos de 25 a 50 mm. A estimativa de água no Quadro 3.6 pode ser reduzida em cerca de 10 kg para agregados sub-angulares, 20 kg para gravilha com algumas partículas trituradas e 25 kg para gravilha arredondada para produzir a mesma trabalhabilidade. Isto ilustra a necessidade de testar os materiais locais em lotes experimentais, uma vez que cada fonte de agregado é diferente e pode influenciar as propriedades do betão de forma diferente. Os aditivos redutores de água ou os aditivos super plastificantes diminuem normalmente o teor de água em 5 a 10 por cento e em 20 por cento ou mais, respetivamente, com dosagens adequadas.

O teor de água por unidade de volume de betão em relação ao agregado de dimensão máxima é apresentado no Quadro 3.6.

Quadro 3.6: Teor máximo de água por metro cúbico de betão para Máximo nominal do agregado

Sr. nº.	Tamanho nominal máximo de Agregado (mm)	Água máxima Conteúdo (kg)
1	10	208
2	20	186
3	40	165

3.5.1.4 Cálculo do teor de cimento

Utilizando a relação água-cimento selecionada e o teor de água, o teor de cimento pode ser calculado como a relação entre o teor de água e a relação água-cimento.

3.5.1.5 Avaliação do agregado grosso:

O volume de agregado grosso por unidade de volume de agregado total em relação a um agregado de dimensão máxima de agregado grosso e zona de classificação de agregado fino com a quantidade de agregado grosso pode ser determinado pelo método do volume absoluto, como indicado no quadro seguinte (Quadro 3.7).

Quadro 3.7: Volume de agregado grosso por unidade de volume de agregado total para Diferentes zonas de agregado fino

Sr. Não.	Dimensão nominal dos agregados	Volume de agregado grosso por unidade de volume de agregado total para diferentes zonas de agregados finos			
		Zona 4	Zona 3	Zona 2	Zona 1
I	10	0.5	0.48	0.46	0.44
II	20	0.66	0.64	0.62	0.60
III	30	0.75	0.73	0.71	0.69

- O volume baseia-se em agregados em estado seco na superfície de saturação

No Apêndice I é apresentado um cálculo típico para o betão de grau M25.

3.6 REUTILIZAÇÃO DE CINZAS DE LAMAS DE FÁBRICAS TÊXTEIS COMO ADSORVENTE

3.6.1 Materiais

As lamas da fábrica de têxteis

ge foi convertido em cinzas de lamas, incinerando-as numa mufla a uma temperatura de 800^0 C durante duas horas, para garantir que todo o conteúdo orgânico das lamas fosse completamente queimado. Estas lamas são designadas por cinzas de lamas incineradas. A cinza de lodo assim produzida foi peneirada através de uma peneira de 300ц e retida em 150ц. As cinzas de lama peneiradas foram armazenadas num recipiente hermético e usadas para adsorção, bem como para o estudo de auxílio ao coagulante. As cinzas de lamas foram utilizadas como adsorvente sem utilizar qualquer agente químico ativador.

3.6.2 Metodologia

Para o estudo de adsorção, foram preparadas soluções de amostra do corante azul de Remazol (RGB) com concentrações de 10 mg/litro, 20 mg/litro, 30 mg/litro, 40 mg/litro e 50 mg/litro, respetivamente. Para cada uma das soluções de corante (vermelho Remazol, azul Remazol e amarelo Remazol), foi determinado, em primeiro lugar, o comprimento de onda ótimo utilizando um espetrofotómetro UV de feixe duplo Elico (espetrofotómetro UVVIS modelo n.º SL210). O comprimento de onda ótimo e a absorvância inicial para o azul de Remazol e os outros dois corantes foram determinados e utilizados para estudos posteriores.

Para determinar o pH ótimo, foi selecionada uma dose aleatória de adsorvente de 4 gm/lit para a solução de corante com uma concentração de 30 mg/lit e os valores iniciais de pH foram ajustados para 1, 2, 3, 4, 5, 6 e 7, respetivamente, utilizando um ácido (HCl) e uma base (NaOH). A mistura foi agitada num agitador magnético durante uma hora a 120 rpm e a 30^0 C. Em seguida, as amostras foram mantidas de lado durante 2 horas para sedimentação. Após a sedimentação, a absorvância final foi verificada e a percentagem de remoção do corante foi determinada. A remoção do corante foi calculada a partir dos valores de absorvância inicial e final. Foi registada a remoção máxima de corante entre as gamas de pH acima referidas. O valor de pH correspondente à remoção máxima de corante foi registado como o "valor de pH ótimo" e o mesmo foi utilizado para estudos posteriores.

Tabela 3.8: Metodologias adoptadas para estudos sobre a reutilização da fábrica de têxteis

cinzas de lamas como adsorventes.

Reutilização das cinzas de lamas de fábricas têxteis como metodologias/-> Caraterísticas do estudo v	Adsorvente
Corantes utilizados	Remazol azul RGB, Remazol amarelo RGB, Remazol vermelho RGB (marca DyStar)
Ensaios físicos e químicos das cinzas de lamas	pH, condutividade eléctrica, sólidos totais dissolvidos (métodos instrumentais) Teor orgânico, teor de humidade (CPHEEO, 2000) Gravidade específica [BIS: 2720 (Parte III/Sec. 2), 1980]
Concentrações de corante utilizadas	10, 20, 30, 40 e 50 mg/L, respetivamente, para cada tipo de corante
Determinação do pH ótimo - Comprimento de onda ótimo determinação - Concentração do corante (aleatória) - Gama de valores de pH mantida - Dose de cinzas de lamas (aleatória) - Medição da remoção de corantes	Utilizando o espetrofotómetro UV de feixe duplo da marca Elico (espetrofotómetro UVVIS modelo n.º SL210). 30 mg/L Os valores de pH foram ajustados para 1, 2, 3, 4, 5, 6 e 7, respetivamente, utilizando ácido e base. 4 gm/L Utilizando um espetrofotómetro UV
A dose de cinzas de lamas (adsorvente) dada	1,2,3,4 e 5 gm/L, respetivamente, para cada concentração de corante e tipo de corante
Agitação	A mistura foi agitada num agitador magnético durante uma hora a 120 rpm e a 300 C
Período de liquidação adotado	2 horas (após decantação, controlo da absorvância final)
Controlo da remoção de corantes	A remoção do corante foi verificada após 15, 30, 45, 60, 75, 90,105, 120, 150 e 180 minutos, respetivamente, a fim de estudar o efeito do tempo na remoção do corante (para cada combinação de concentração de corante e dose de adsorvente)
Medição da remoção de corantes	Utilizando o espetrofotómetro UV de feixe duplo da marca Elico (espetrofotómetro UVVIS modelo n.º

	SL210).
Isotérmicas	Isotérmicas de Langmuir e Freundlich
Confirmação da adsorção	Foi tirada uma imagem SEM para a adsorção de Remazol blue RGB em cinzas de lamas

Para estudar o efeito de um adsorvente na remoção do corante, foram colocados 10 mg/lit de solução de corante azul Remazol em 10 copos e uma dose de adsorvente de 1gm/lit foi dada a cada copo. A mistura foi agitada com agitadores magnéticos. Os copos foram retirados para verificar o corante residual remanescente após 15, 30, 45, 60, 75, 90,105, 120, 150, 180 minutos de agitação, respetivamente, a fim de estudar o efeito do tempo na remoção do corante.

Após cada intervalo, um copo foi retirado e mantido à parte para assentar durante 2 horas. Em seguida, a concentração residual do corante foi medida utilizando um espetrofotómetro. Adoptou-se um procedimento semelhante para cada um dos restantes copos. Todo o procedimento foi repetido para o azul de Remazol para as concentrações restantes de 20 a 50 mg/L com intervalo de 10 mg/L e dosagens de adsorvente de 2 a 5 gm/L (intervalo - 1 gm/L) com intervalo de 1gm/L. Os valores da carência química de oxigénio (CQO) foram determinados para as concentrações iniciais de corante e no equilíbrio para diferentes dosagens e concentrações de corante.

Além disso, toda a metodologia foi repetida para os corantes vermelho Remazol e amarelo Remazol para concentrações de corante de 10 a 50 mg/L (intervalo - 10 mg/L) e dosagens de adsorvente de 1 a 5 gm/L (intervalo - 1gm/L).

As isotérmicas de Langmuir e Freundlich foram verificadas para os dados experimentais. Para verificar a adsorção do corante nas cinzas de lamas, foi tirada uma imagem no SEM. A Tabela 3.8 apresenta passo a passo as metodologias adoptadas para estudos sobre a reutilização de cinzas de lamas de fábricas têxteis como adsorvente.

3.7 REUTILIZAÇÃO DE CINZAS DE LAMAS DE FÁBRICAS TÊXTEIS COMO COAGULANTE

3.7.1 Metodologia

As lamas da fábrica de têxteis foram incineradas numa mufla a 800°C durante 2 horas para produzir cinzas de lamas. Posteriormente, foi utilizada para o estudo de adsorção e coagulação. As propriedades químicas das cinzas de lamas, tais como pH, CE e TDS, foram determinadas por um instrumento da marca Elico. As propriedades físicas, tais como a gravidade específica e a densidade, são determinadas pelos procedimentos do código BIS.

A lama da fábrica de têxteis é insolúvel em água, pelo que não pode ser utilizada como coagulante. Para verificar se pode ser utilizado como coagulante para a remoção de cor, foi efectuado um estudo comparativo de alúmen e alúmen juntamente com cinzas de lamas.

A Tabela 3.9 mostra as metodologias adoptadas para a reutilização das cinzas das lamas da fábrica de têxteis como adsorventes e coagulantes.

Tabela 3.9: Metodologias adoptadas para estudos sobre a reutilização das cinzas de lamas de fábricas têxteis como adsorventes e coagulantes

Reutilização das cinzas de lamas de fábricas têxteis como Metodologias/ Caraterísticas do estudo	Coadjuvante de coagulação
Concentrações de corante utilizadas	10 mg/L para cada tipo de corante

Determinação do pH ótimo - Determinação do comprimento de onda ótimo - Concentração do corante (aleatória) - Dose de alúmen (aleatória) - Gama de valores de pH mantida - Medição da remoção do corante	Utilizando o espetrofotómetro UV de feixe duplo da marca Elico (espetrofotómetro UVVIS Elico modelo n.º SL210). 10 mg/L 50 mg/L Os valores de pH foram ajustados para 4, 5, 6, 7, 8 e 9, respetivamente, utilizando ácido e base. Utilizando um espetrofotómetro UV de feixe duplo
Dose de cinzas de lamas	1,2,3,4 e 5 a 5 gm/L, respetivamente, para cada concentração de corante e dose de alúmen
Dose de alumínio	10 a 100 mg/L
Dose de cinzas de lamas	1 a 5 gm/L (intervalo de 1gm/L), mantendo a dose de alúmen constante
Medição da remoção de corantes	Utilizando o espetrofotómetro UV de feixe duplo da marca Elico (espetrofotómetro UVVIS modelo n.º SL210).
Agitação	A mistura é agitada rapidamente durante 2 minutos e depois misturada lentamente durante 25 minutos, utilizando o aparelho de ensaio Jar
Período de liquidação adotado	2 horas (Após decantação, verifica-se a absorvância final)

Foram preparadas soluções de corante de 10 mg/lit para cada tipo de corante e, para determinar o pH ótimo da reação, foi administrada uma dose aleatória de 50 mg/lit de alúmen. O pH foi ajustado na gama de 4 a 9 utilizando ácido (HCl)/base (NaOH), respetivamente, em seis copos. A mistura é agitada rapidamente durante 2 minutos e depois misturada lentamente durante 25 minutos utilizando o aparelho de ensaio de jarros. Posteriormente, a mistura foi deixada a repousar durante 2 horas. Após a sedimentação, a percentagem de remoção do corante foi determinada utilizando um espetrofotómetro UV. Para determinar a dose óptima de alúmen, preparou-se uma solução de 10 mg/lit de corante e ajustou-se o pH utilizando ácido/base. Após o ajuste do pH, foram adicionadas doses variáveis de alúmen de 10 mg/lit a 100 mg/lit, em intervalos de 10 mg/lit, a cada copo que continha a solução de corante. Os procedimentos de mistura e de decantação seguidos foram os mesmos que no caso da determinação do pH ótimo. A partir deste estudo, foi determinada a dose óptima de alúmen.

Na parte seguinte do estudo, mantendo constante a dose óptima de alúmen, as doses de cinzas de lamas foram variadas de 1 gm/L a 5 gm/L em intervalos de 1 gm/L. Com base na percentagem máxima de remoção de corante, foi determinada uma combinação óptima de dose de alúmen e de cinza de lama. Os outros procedimentos de mistura e determinação da remoção de corante permaneceram os mesmos.

CAPÍTULO 4

RESULTADOS E DISCUSSÃO

4.0 GERAL

Este capítulo aborda a caraterização pormenorizada de materiais como as lamas das fábricas têxteis, as cinzas das lamas, as cinzas volantes, os solos, o cimento, os agregados finos e os agregados grossos utilizados no estudo. O estudo realça os efeitos estruturais e ambientais posteriores das seguintes opções de reutilização de lamas.

i.   Reutilização de materiais de construção (blocos maciços à base de cimento, blocos maciços à base de cinzas de mosca, tijolos de argila queimada e diferentes tipos de betão)

ii.   Reutilização de cinzas de lamas como adsorvente para a remoção de corantes reactivos de uma amostra de água contendo corantes

iii.   Reutilização de cinzas de lamas de fábricas têxteis como coagulante na remoção de corantes reactivos de amostras de água contendo corantes

4.1 CARACTERIZAÇÃO DAS LAMAS DA FÁBRICA DE TÊXTEIS, DAS CINZAS DAS LAMAS E DAS CINZAS VOLANTES

Para verificar o potencial de reutilização das lamas das fábricas de têxteis em várias opções, era importante conhecer os parâmetros químicos e físicos e também a composição química dos vários materiais. Por isso, foi efectuada a caraterização dos materiais. Foram efectuados vários testes físicos e químicos às lamas da fábrica de têxteis, às cinzas das lamas e às cinzas volantes.

4.1.1 Parâmetros físicos e químicos

Alguns dos parâmetros físicos e químicos importantes das lamas têxteis, das cinzas de lamas de fábricas têxteis e das cinzas volantes são apresentados na tabela 4.1. A gravidade específica das lamas foi inferior à do agregado fino tradicional (gravidade específica 2,68) e à das cinzas volantes utilizadas no betão e nos blocos sólidos à base de cimento, respetivamente, o que pode ter um efeito significativo na densidade dos materiais de construção quando as lamas são reutilizadas. O baixo peso específico pode dever-se ao facto de as partículas de lamas serem mais porosas e mais leves.

No entanto, a incineração das lamas numa mufla aumentou os valores da gravidade específica para 2,3 a 2,5. Esta alteração na gravidade específica pode ser atribuída à queima do conteúdo orgânico das lamas da fábrica de têxteis. O teor de humidade das lamas era superior ao das cinzas das lamas, principalmente porque as lamas foram secas ao sol em leitos de secagem de lamas. A incineração das lamas da fábrica de têxteis a 800° C numa mufla provoca a volatilização do conteúdo orgânico, tornando a superfície das partículas de cinzas de lamas porosa. O teor de humidade das cinzas de lamas era muito baixo. O que indica que as cinzas de lamas podem ser utilizadas como adsorvente no seu estado atual. A gravidade específica das cinzas volantes era mais elevada em comparação com as lamas da fábrica de têxteis. O que indica que pode ter um efeito na densidade dos blocos de lamas-cimento-cinzas volantes (SCF).

Tabela 4.1: Parâmetros físicos e químicos das lamas e cinzas de lamas

N.º Sr.	Parâmetro	Lamas	Cinzas de lamas	Cinzas volantes
1	pH	6.46	11.6	11.3
2	CE (25° C)	11,93 mS/cm	9,4 mS/cm	10,6 mS/cm
3	TDS	6,07 ppt	4,92 ppt	5,34 ppt

4	Gravidade específica	1,2 a 1,5	2,3 a 2,5	2.1 a 2.3
5	Conteúdo orgânico	35.71%	1.32 %	0.45 %
6	Teor de humidade	9.081%	1.08 %	1.11 %

4.1.2 Análise granulométrica das lamas

A classificação e a dimensão máxima dos agregados são parâmetros importantes em qualquer mistura de betão. Afectam as proporções relativas na mistura, a trabalhabilidade, a economia, a porosidade e a retração do betão, etc. Areias muito finas ou muito grossas são desagradáveis - as primeiras são antieconómicas e as segundas dão origem a misturas duras e pouco trabalháveis (Agarwal et al., 2007). A análise por peneiração foi efectuada para conhecer a análise granulométrica das lamas da fábrica de têxteis. A Fig. 4.1 apresenta um gráfico de análise granulométrica de uma fábrica de têxteis

BIS: 383 (1970) fornece especificações para agregados grossos e finos de fontes naturais para betão. Estas especificações não especificam qualquer limite, mas dividem a areia em quatro zonas, ou seja, da zona I à zona IV. A areia da zona I é muito grossa e a areia da zona 4 é muito fina. O código recomenda geralmente a utilização das areias das zonas I a III para obras de betão estrutural. Para a análise do peneiro de lamas de fábricas têxteis, os valores estão próximos dos intervalos de valores da zona I. Esta análise apoiou a utilização de lamas de moagem de têxteis como substituto parcial da areia. Foi também observado que as lamas são um material muito pouco ligado (com pedaços quebradiços) com uma densidade muito baixa da ordem dos 1200 a 1500 kg/m .^{3}

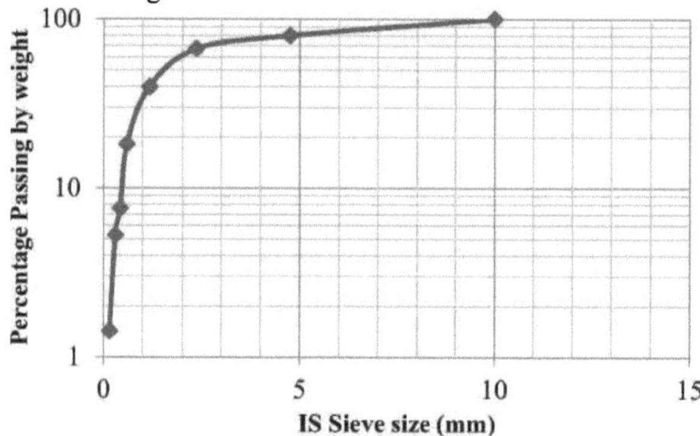

Fig. 4.1: Análise granulométrica das lamas

4.1.3 Caracterização química das lamas da fábrica de têxteis, das cinzas volantes e do cimento Portland normal

A caraterização química foi necessária para conhecer as composições químicas das cinzas das lamas da fábrica de têxteis, das cinzas volantes, do cimento e dos solos para decidir o curso de ação posterior no trabalho de investigação. Assim, foi efectuada uma análise de fluorescência de raios X (XRF) para as lamas da fábrica de têxteis, cinzas volantes e cimento. Os resultados das mesmas amostras são apresentados na Tabela 4.2.

A composição química das lamas têxteis depende principalmente da natureza e quantidade de corantes utilizados, da quantidade de produtos químicos utilizados durante os processos húmidos, da quantidade de coagulantes e auxiliares de coagulação adicionados durante o

46

tratamento de efluentes. A presença de Al_2O_3, CaO e FeO indica a utilização de alúmen, cal e cloreto férrico para o tratamento de águas residuais têxteis. A menor quantidade de dióxido de silício na lama da fábrica de têxteis indica a possibilidade de uma menor propriedade de ligação quando utilizada como aditivo em materiais de construção. No entanto, contém óxido de cálcio (CaO) e óxido ferroso (FeO) que são susceptíveis de contribuir para a resistência à compressão. De acordo com [BIS:3812 (Parte I), 2003], as cinzas volantes que contêm sílica (SiO_2), alumina (Al_2O_3) e óxido de ferro (Fe_2O_3) juntos mais de 70% são classificadas como cinzas volantes siliciosas. A cinza volante utilizada para o estudo foi a cinza volante siliciosa. No entanto, a soma de sílica (SiO_2), alumina (Al_2O_3) e óxido de ferro (Fe_2O_3) para as lamas foi de 18,75, o que foi muito pequeno em comparação com a cinza volante. Isto indica que as lamas da fábrica de têxteis têm um potencial pozolónico mais baixo quando utilizadas juntamente com o cimento, em comparação com a cinza volante. Devido ao baixo potencial pozolónico, foi decidido substituir os agregados finos por lamas em diferentes graus de betão.

Quadro 4.2: Análise XRF pormenorizada das lamas da fábrica de têxteis, cinzas volantes e cimento

Composto químico	Presença nas lamas de fábricas de têxteis (%)	Presença em Cinzas volantes (%)	Presença no quotidiano Cimento Portland (%)
Al_2O_3	3.59	25.24	3 a 8
CaO	22.99	1.58	60 a 67
FeO	26.92	Não detectado	Não detectado
Fe_2O_3	Não detectado	4.78	0,5 a 6
P_2O_5	3.47	0.17	Não detectado
SiO_2	15.16	65.44	17 a 25
TiO_2	1.32	1.35	Não detectado
MnO	0.56	0.05	Não detectado
K_2O	Não detectado	0.56	0,5 t a1,3
Na_2O	Não detectado	0.11	Não detectado
SO_3	Não detectado	0.08	1 a 3
SrO	Não detectado	0.03	Não detectado
Cr_2O_3	0.07	Não detectado	Não detectado
SO_4	1.62	Não detectado	Não detectado
V_2O_5	0.01	Não detectado	Não detectado
MgO	Não detectado	Não detectado	0,1 a 4%

4.1.4 Análise de difração de raios X (XRD) das lamas

O XRD pode determinar a presença e as quantidades de espécies minerais na amostra, bem como identificar as fases. A análise XRD foi efectuada para confirmar a presença de óxidos que foram detectados na análise XRF. A Fig. 4.2 mostra o gráfico da análise XRD.

Os resultados de XRD foram analisados utilizando os cartões padrão do Joint Committee on Powder Diffraction Standards (JCPDS) e observou-se que estavam presentes picos de alta intensidade de óxidos de chumbo, alumínio, fósforo, cálcio, crómio, silício, ferro, titânio, enxofre e vanádio. A partir desta análise, confirmou-se que a amostra de lamas é constituída por Cr_2O_3, P_2O_5, FeO, CaO, TiO_2, SiO_2, Al_2O_3 SO_3 e V_2O_5, o que indica que os constituintes CaO, Al_2O_3 e FeO presentes nas lamas podem contribuir para a resistência dos materiais de construção.

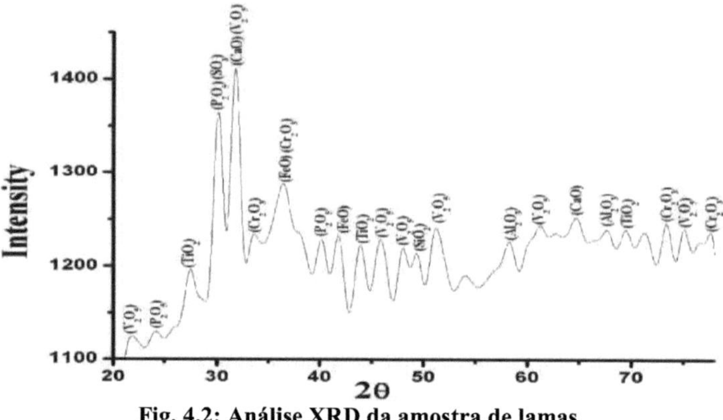

Fig. 4.2: Análise XRD da amostra de lamas

4.2 CARACTERIZAÇÃO DAS AMOSTRAS DE SOLO

Os resultados da análise química das amostras de solo por espetroscopia de emissão atómica com plasma indutivamente acoplado (ICP-AES), utilizadas na preparação de tijolos de argila queimada, são apresentados no Quadro 4.3.

Tabela 4.3: Análise ICP-AES de amostras de solo

Química Composto	SiO2	Al2O3	Fe2O3	CaO	MgO	K2O	Na2O	TiO2	MnO	P2O5
Presença em Solo branco (%)	41.70	12.18	19.24	6.25	5.69	0.18	0.88	3.29	0.26	0.14
Presença em solo vermelho (%)	41.35	19.31	19.31	6.40	5.48	0.23	0.94	3.54	0.27	0.13
Presença em solo negro (%)	39.27	20.42	20.42	3.80	3.77	0.09	0.47	4.56	0.28	0.09

A sílica e a alumina são os principais constituintes da argila. A presença de sílica evita a fissuração, a contração e a deformação dos tijolos em bruto. Também confere uma forma uniforme ao tijolo. A alumina confere plasticidade à argila do tijolo, o que pode ser importante na moldagem. Também confere densidade. A presença de sílica e alumina, conhecida como "bons solventes" na argila, está provavelmente a melhorar a adsorção de vários constituintes dos resíduos. Este facto é, em última análise, responsável pela sua imobilização durante o tratamento térmico. O excesso de alumina provoca fissuras e deformações no tijolo durante a secagem e torna-o muito duro quando aquecido. Para obter tijolos de boa qualidade, o teor de sílica e alumina desejado é de 50-60% e 20-30%, respetivamente (Gopi, 2010). A análise das amostras de argila mostrou que os teores de sílica e de alumina eram inferiores aos valores acima indicados. Isto indica que estes solos não podem ser utilizados para fabricar tijolos de primeira classe com elevada resistência à compressão, ou seja, um mínimo de 10,5 MPa, de acordo com BIS: 1077 (1992). Uma pequena quantidade de cal também é desejável na argila. Em primeiro lugar, a cal reduz a retração e, em segundo lugar, actua como um fundente durante o processo de combustão, permitindo a fusão das partículas de sílica e ligando assim as partículas do tijolo. A magnésia, se presente em excesso de 1%, pode causar a deterioração dos tijolos. Os resultados das amostras de solo revelaram a presença de magnésia em excesso de 1%, o que pode ser uma causa de deterioração. Por este motivo, os tijolos fabricados com estes solos podem ser utilizados na construção de paredes compostas, estruturas temporárias, etc. O elemento que confere cor aos tijolos é o óxido de ferro (Fe_2O_3), que estava presente nos três solos. No entanto, esta cor pode mudar após a cozedura dos tijolos em bruto a temperaturas mais elevadas, devido ao facto de o material carbonoso e os compostos de ferro começarem a oxidar. Assim, de acordo com a norma BIS: 3102 (1971), foi possível classificar os tijolos de Classe II e III correspondentes a uma resistência à compressão de 3,5 MPa com estas amostras de solo.

4.3 ANÁLISE TERMOGRAVIMÉTRICA (TG) DE LAMAS DE FÁBRICAS TÊXTEIS E AMOSTRAS DE SOLO

A cozedura de tijolos envolve a exposição dos tijolos a intervalos de temperatura de 500 - 800°° C. Para estudar o comportamento das lamas e dos solos a temperaturas tão elevadas, é necessária uma análise termogravimétrica (TG). A análise termogravimétrica ou análise gravimétrica térmica (TGA) é um método de análise térmica em que as alterações das propriedades físicas e químicas dos materiais são medidas em função do aumento da temperatura ou em função do tempo. A Fig. 4.3 mostra uma curva termogravimétrica típica para lamas de fábricas têxteis. A análise termogravimétrica mostrou que, inicialmente, com o aumento da temperatura, as lamas perdiam peso, o que se devia à evaporação da humidade. A perda de peso adicional deveu-se à volatilização da matéria orgânica presente nas lamas no intervalo de temperatura de 550° C em diante. A perda de peso da amostra de lama a 600° C foi de 27% e a 800° C foi de 42%. Assim, a perda de peso total é de 15% no intervalo de temperatura de 600° C a 800° C. Por conseguinte, os tijolos cozidos feitos a partir de proporções de solo-lamas apresentaram uma redução de peso significativa em comparação com os tijolos crus ou não cozidos.

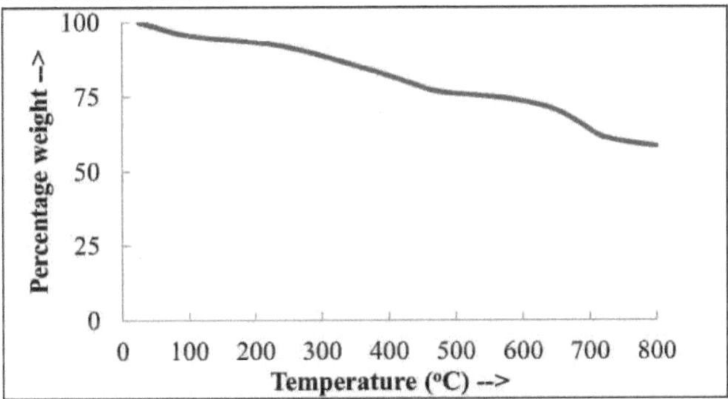

Fig. 4.3: Curva termogravimétrica para lamas de fábricas têxteis

A Fig. 4.4 mostra as curvas termogravimétricas para os solos vermelho, preto e branco. Foi observada uma perda de peso total de 6 a 8% a temperaturas mais baixas, ou seja, 50 a 100° C, o que se deveu à perda de humidade presente nos solos. A perda de peso total de 9% para um solo vermelho, 10% para um solo branco e 13% para um solo preto foi observada quando a temperatura atingiu 800° C. No entanto, o solo preto de algodão perdeu mais peso do que os solos vermelho e branco quando a temperatura atingiu 800° C, o que se deveu a um teor orgânico mais elevado do que o dos outros dois tipos de solo.

A desidroxilação é um processo químico que remove um grupo hidroxilo (-OH⁻) de um

composto químico. A desidroxilação dos minerais de argila ocorre a temperaturas mais elevadas. No caso dos solos, quando as temperaturas atingiram o intervalo de 150° C a 500° C, ocorreu a desidroxilação. Esta fase foi marcada por uma queda significativa no peso percentual. O efeito dos componentes do fluxo, como o óxido de potássio (K_2O),
O óxido de sódio (Na_2O) e o óxido de cálcio (CaO) foram observados quando a argila começou a ter uma reação que começou por volta dos 400° C. Este facto indicou o início do processo de sinterização para os três tipos de solo. Esta análise ajudou a selecionar um intervalo de temperatura (por exemplo, 600 a 800° C) para avaliar a temperatura de cozedura ideal para tijolos.

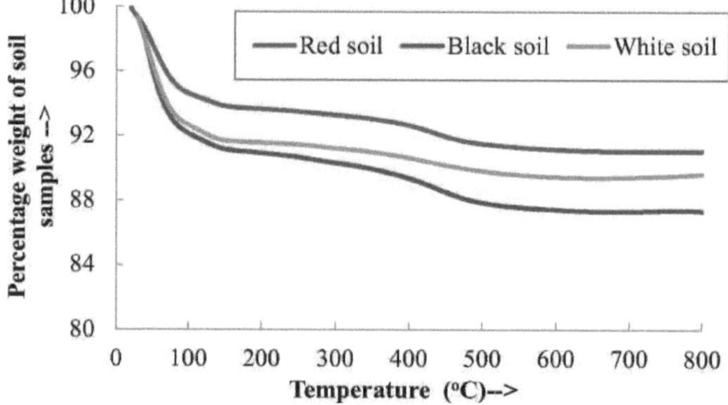

Fig. 4.4: Curvas termogravimétricas para solo vermelho, preto e branco

4.4 REUTILIZAÇÃO DE LAMAS DE FÁBRICAS TÊXTEIS EM PRODUTOS SÓLIDOS À BASE DE CIMENTO
BLOCOS

Não foi possível fabricar blocos sólidos apenas a partir de lamas de fábricas têxteis devido à falta de ligação interparticular entre as partículas de lamas. Este facto leva à necessidade de adicionar material aglutinante cimentício para que a ligação interparticular aumente. Por conseguinte, foi efectuada uma investigação experimental sobre blocos de cimento de lamas. Não foram adicionados agregados grossos e finos nos blocos sólidos à base de cimento.

4.4.1 Variação da densidade dos blocos sólidos de cimento de lamas (SC)

Devido à menor gravidade específica das lamas da fábrica de têxteis, é importante investigar a variação da densidade dos blocos sólidos à base de lamas e cimento. A variação da densidade média dos blocos sólidos de lamas-cimento (SC) com um aumento do teor de lamas é apresentada na figura (Fig. 4.5).

A densidade média de três blocos SC com 80% de cimento e 20% de lamas foi de 1,9 gm/cm^3 , que foi diminuindo gradualmente com o aumento do teor de lamas. A densidade dos blocos SC com 20% de cimento e 80% de lamas foi de 1,3 gm/cm^3 . Esta redução é atribuída à gravidade específica mais baixa das lamas da fábrica de têxteis em comparação com o cimento.

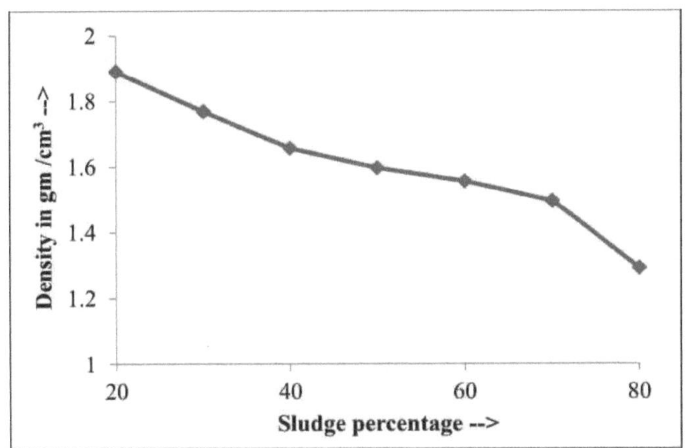

Fig. 4.5: Variação da densidade dos blocos maciços de lamas e de cimento com o aumento do teor de lamas

4.4.2 Resistência à compressão de blocos sólidos de cimento de lamas

As resistências à compressão dos blocos sólidos de lamas e de cimento durante 3, 7 e 28 dias são apresentadas na Fig. 4.6. Não foi possível obter resultados para 0% e 10% de cimento porque os cubos não puderam ser moldados devido à fraca ligação entre as partículas. Quando o cimento e as lamas das fábricas têxteis são misturados, ocorrem diferentes tipos de alterações químicas. Isto deve-se à interação entre os constituintes das lamas e os ligantes de solidificação (cimento e cinzas volantes) que desempenham um papel importante no controlo da qualidade dos resíduos solidificados à base de cimento. Vários estudos demonstraram que o retardamento e, em alguns casos, a inibição das reacções de hidratação do cimento resultam da adição de resíduos estabilizados contendo metais pesados (Asavapisit et al., 2005). Esta pode ser a razão pela qual a resistência à compressão dos blocos sólidos de lamas - cimento (SC) foi menor com um aumento do teor de lamas. Isto indicou que as lamas da fábrica de têxteis não eram de natureza cemetitiva.

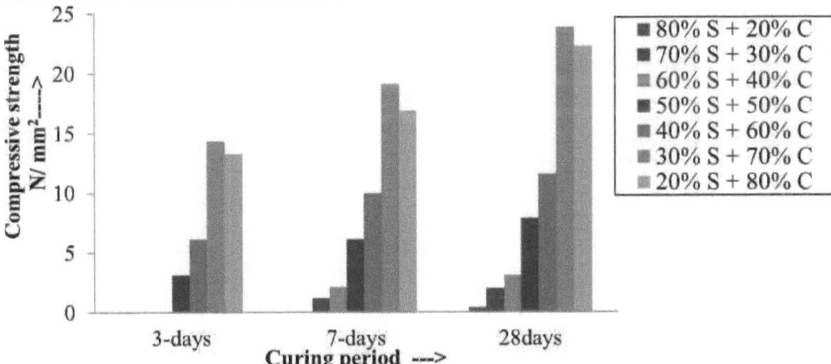

Fig. 4.6: Comparação da resistência à compressão de blocos de cimento-lamas de fábricas têxteis

A resistência à compressão após 3 e 7 dias não pôde ser determinada quando o teor de lamas era de 80% e 70% devido à falta de ligação entre as lamas e o cimento. A partir dos resultados acima referidos, verificou-se que a resistência à compressão aumentou com o aumento do teor de cimento. Como regra geral, o aumento do cimento aumenta a resistência. Para além de um certo ponto, também actua negativamente. O excesso de cimento após uma determinada percentagem tornará a argamassa SC frágil. A resistência à compressão dos blocos SC aumentou de 0,32 MPa para 23,8 MPa, à medida que o teor de lamas foi reduzido de 80% para 20%. No entanto, a resistência à compressão diminuiu para 22,2 MPa quando o teor de lamas foi reduzido para mais de 30%. Por conseguinte, a combinação óptima correspondente à maior resistência à compressão (ou seja, 23,8 MPa) foi 3:7. O custo do cimento é atualmente de cerca de Rs 6-7/kg. No entanto, quando o teor de cimento for superior a 30%, a utilização destes blocos tornar-se-á antieconómica, uma vez que o cimento é caro. Assim, para reduzir o consumo de cimento e tornar todo o processo económico, foram adicionadas cinzas volantes juntamente com as lamas e o cimento.

4.4.3 Análise da água utilizada para a cura

Quando as lamas são utilizadas como material de construção, é necessário analisar a água utilizada para a cura, a fim de garantir que não há impactos negativos no ambiente. Os impactos negativos podem dever-se à lixiviação de metais pesados e oligoelementos presentes nas lamas, que são susceptíveis de causar poluição do solo e das águas subterrâneas. Para estudar os efeitos posteriores da adição das lamas nos blocos SC, foi efectuada uma análise da água utilizada para a cura. Durante a análise da água utilizada para a cura, foram efectuados testes de turbidez, alcalinidade total, dureza, cloretos e sólidos, cujas leituras são apresentadas no Quadro 4.4.

A análise da água utilizada para a cura mostrou que a turvação, os sólidos e os cloretos diminuíram de 38,9 para 7 NTU, de 12480 para 300 mg/L e de 5858 para 880 mg/L, respetivamente, à medida que a percentagem de lamas diminuía nos blocos SC. Isto indica que o cimento iniciou a ligação interparticular das lamas da fábrica de têxteis e impediu a lixiviação de contaminantes. Outra razão possível é que, com o aumento do teor de cimento, as fissuras supcrficiais e a natureza porosa dos blocos diminuíram, o que era claramente visível. A porosidade excessiva em materiais de construção leva à lixiviação de constituintes inorgânicos.

Tabela 4.4: Análise da água utilizada para a cura dos blocos de lamas e de cimento

Lamas (%)	Cimento (%)	Análise da água utilizada para a cura						
		Turbidez (NTU)	Alcalinidade total (mg/L)	Dureza (mg/L como $CaCO_3$)	Cloretos (mg/L)	Sólidos* (mg/L)		
						TS	TDS	TSS
80	20	38.9	64	64	5858	12400	3600	8800
70	30	34.2	76	40	4603	8400	2400	6000
60	40	29.5	84	36	3848	7000	2200	4800
50	50	26.9	88	36	3408	6600	2400	4200
40	60	8.4	90	140	2200	450	300	150
30	70	7.2	108	124	1450	400	200	200
20	80	7.0	90	110	880	300	150	150

(* TS - sólidos totais, TDS - sólidos totais dissolvidos e TSS - sólidos totais em suspensão)

4.4.4 Monitorização da condutividade eléctrica (CE) e dos TDS da água utilizada para a cura

Foi necessária uma monitorização diária da água utilizada para a cura, a fim de verificar a lixiviação dos sólidos dissolvidos através dos blocos de construção sólidos. Por conseguinte, a CE e o TDS foram analisados diariamente. A Fig. 4.7 e a Fig. 4.8 mostram a variação da condutividade eléctrica (CE) e dos TDS da água utilizada para a cura durante um período de 28 dias. Durante a monitorização diária da CE e do TDS, verificou-se que os valores da CE e do TDS diminuíram com o aumento do teor de cimento. Estes resultados reflectiram que a redução dos valores de CE e TDS se deveu à excelente propriedade de ligação do cimento, que melhorou a ligação interparticular entre as lamas da fábrica de têxteis e o cimento.

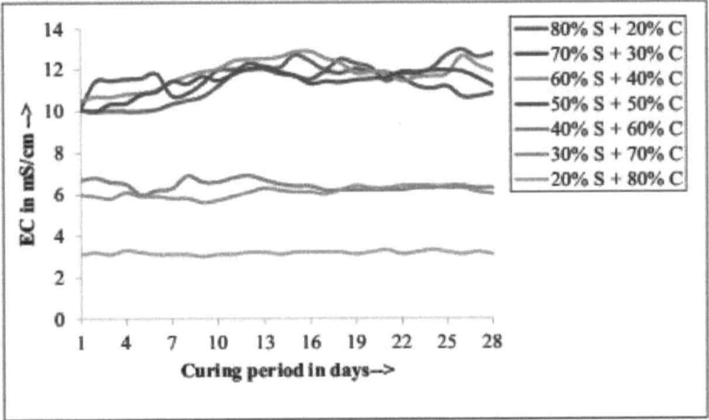

Fig. 4.7: Variação da condutividade eléctrica (CE) da água utilizada para a cura (blocos SC).

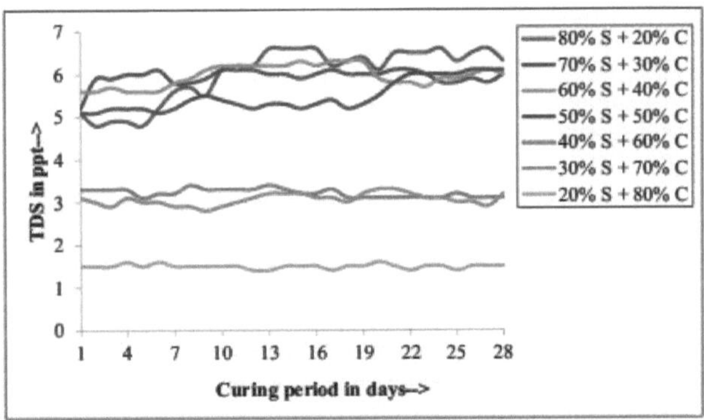

Fig. 4.8: Variação dos sólidos totais dissolvidos (TDS) da água utilizada para a cura (blocos SC).

As tendências indicaram que, para um teor de cimento de 20-50%, a ligação das partículas entre o cimento e as lamas não era completa. Para além de 50% de adição de cimento, a ligação das partículas melhora consideravelmente. Além disso, observou-se a formação de bandas à medida que a percentagem de lamas aumentava, o que constitui matéria de investigação futura.

4.4.5 Análise elementar da água utilizada para a cura

A presença de metais pesados na água utilizada para a cura foi verificada por análise elementar. Os resultados da análise elementar da água utilizada para a cura são apresentados na Fig. 4.9.

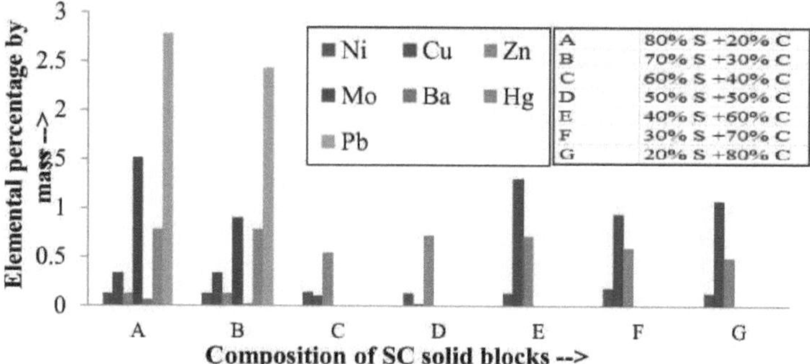

Fig. 4.9: Análise da água utilizada na cura para a deteção de metais pesados através da técnica EDS.

O processo de hidratação pode ser definido pela formação de materiais cimentícios através da reação da cal livre (CaO) com os pozolanos (AlO3, SiO2, Fe2O3) na presença de água. O gel de silicato de cálcio hidratado ou o gel de aluminato de cálcio (materiais cimentícios) podem ligar materiais inertes e metais pesados (Christy et al., 2011). A análise da água utilizada para a cura mostrou que, quando a percentagem de lamas era elevada, os metais pesados eram lixiviados dos blocos sólidos. Para um teor de cimento de 20% a 30%, foram detectados metais pesados como o chumbo, o mercúrio, o bário e o molibdénio. No entanto, quando a percentagem de cimento aumenta para além de 30%, os metais acima referidos ficam bloqueados na matriz de solidificação do cimento das lamas. Por conseguinte, estes metais não foram detectados na análise da água utilizada para a cura. O zinco, o cobre e o níquel foram lixiviados com um limite máximo de 1,5 por cento. Uma possível razão para este facto pode ser a presença de elementos vestigiais como o Cu, o Ni e o Zn no cimento (Zhang et al., 2008).

Pode observar-se que as cinzas volantes e o cimento são muito eficazes na redução da lixiviação de metais pesados. Tanto as cinzas volantes como o cimento imobilizam os metais pesados tóxicos como hidróxidos insolúveis. Os produtos cimentícios hidratados formados também ligam química e fisicamente os iões metálicos. Geralmente, as amostras com cinzas volantes têm quantidades de lixiviação significativamente mais baixas (Yi e Peng, 2003).

4.4.6 O efeito da cura com água ácida em blocos de cimento de lama

A durabilidade é uma importante propriedade de engenharia do betão, que determina significativamente a vida útil das estruturas de betão. Devido às interações do betão com influências externas, as propriedades mecânicas e físicas do betão podem ser ameaçadas e perdidas. Entre os factores de ameaça, como o congelamento e o descongelamento, a abrasão, a corrosão do aço e o ataque químico também podem afetar o betão ao longo do tempo (Turkel et al., 2007).

Numa investigação para estudar os efeitos de condições ligeiramente ácidas na resistência à compressão de blocos SC alterados com lamas, foram comparadas a resistência aos 28 dias e a resistência aos 365 dias (Fig. 4.10).

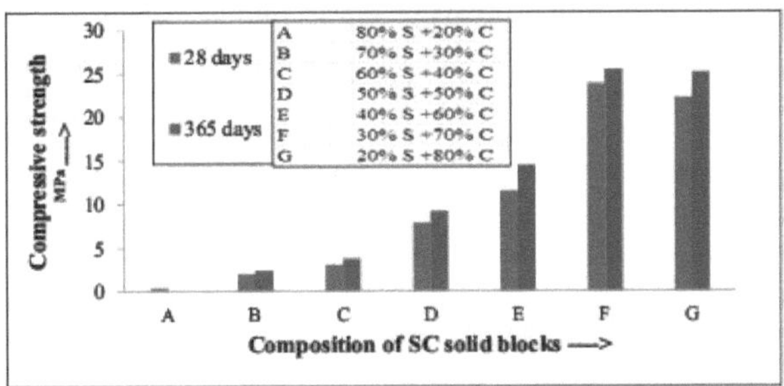

Fig. 4.10: Comparação da resistência à compressão a 28 dias e 365 dias de blocos sólidos SC

A cura dos blocos SC em água ácida (pH 5) aumentou a resistência à compressão em 10 a 15% em comparação com a resistência aos 28 dias para todas as combinações. Estes resultados são comparados com os do betão. Normalmente, quando os blocos de betão são curados em água normal durante um ano, a resistência à compressão aumenta em 50 a 60% em comparação com a resistência aos 28 dias (Gonnerman e Shuman, 1928). No entanto, observou-se que, curados em condições ligeiramente ácidas, o ganho de resistência à compressão para o SC foi de apenas 10 a 15%.

Isto indica que houve um efeito de condições ligeiramente ácidas no processo de aumento da resistência dos blocos sólidos SC. Os resultados deste estudo podem ser utilizados para verificar a aplicabilidade dos blocos SC em solos com pH ácido, uma vez que o pH do solo é baixo na região de Solapur.

4.5 REUTILIZAÇÃO DE LAMAS DE FÁBRICAS DE TÊXTEIS EM BLOCOS SÓLIDOS À BASE DE CIMENTO E FLY AS

De acordo com os resultados do estudo sobre blocos de construção sólidos à base de lamas de cimento, as proporções óptimas de cimento e lamas correspondentes à maior resistência à compressão foram 70% e 30%, respetivamente. O consumo de cimento a 70% é muito elevado, o que tornará a utilização prática dos blocos SC muito pouco económica devido ao preço unitário mais elevado do cimento. Por conseguinte, decidiu-se adicionar cinzas volantes juntamente com as lamas para reduzir o consumo de cimento, a fim de obter blocos de construção sólidos à base de lamas mais económicos.

4.5.1 Variações de densidade de blocos sólidos à base de cimento, lamas e cinzas volantes

Durante o estudo dos blocos SCF, observou-se que as densidades dos blocos SCF eram mais elevadas do que as dos blocos SC, como mostra a Fig. 4.11.

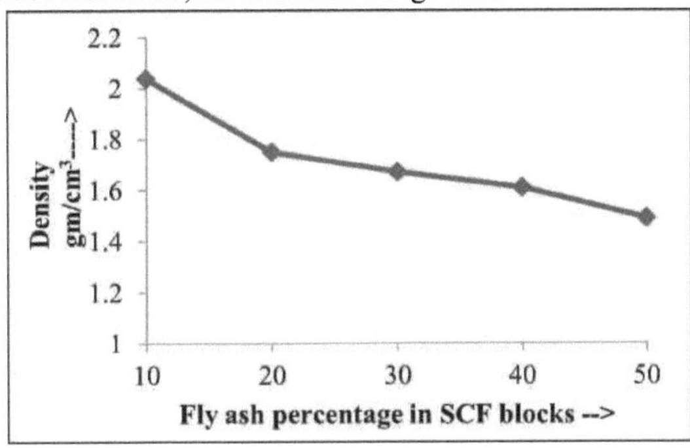

As densidades máxima e mínima registadas foram 2 gm/cm^3 e 1,5 gm/cm^3 com as proporções mais elevadas (3:6:1) e mais baixas (3:2:5) de lamas, cimento e cinzas volantes, respetivamente. A queda na densidade dos blocos SC pode ser atribuída à menor gravidade específica da cinza volante (2,1 a 2,3) em comparação com o OPC (3,15).

4.5.2 Resistência à compressão dos blocos maciços SCF

O cimento Portland normal (OPC) é feito de uma mistura de silicatos e óxidos, sendo os quatro componentes principais: Silicato Tricálcico - C3S (3CaO.SiO), Silicato Dicálcico - C2S (2CaO.SiO), Aluminato Tricálcico - C3A (3CaO. AkO₃) e Aluminoferrite Tetracálcica - CAF (4CaO.AlOFe O).

2C3S+	6H	>C3S2H3	+3CH	
Silicato	tricálcicoÁguaGel	C-S-HHidróxido		de cálcio
2C2S+	4H> C3S2H3	+3CH		
Silicato	dicálcicoÁguaGel	C-S-HHidróxido		de cálcio

Como resultado da reação entre estes compostos principais e a água, ocorre a ação de fixação e endurecimento do cimento Portland normal.

Os produtos de hidratação do Silicato Tricálcico (C3S) e do Silicato Dicálcico (C2S) são semelhantes, mas a quantidade de hidróxido de cálcio (cal) libertada é maior no C3S do que no C2S. A reação do C3A com a água tem lugar na presença de

C3A+3	(CSH2) +26 HC3A(CS)3H32	
Gesso tricálcico	Água > Ettringite	
C3A+	(CSH2) +10 HC3ACSH12	
Gesso tricálcico	ÁguaHidrato de monossulfoaluminato	

A alumino-ferrite tetracálcica forma produtos de hidratação semelhantes aos do C3A, com o ferro a substituir parcialmente a alumina nas estruturas cristalinas da etringite e do hidrato de monossulfoaluminato. A partir das reacções acima descritas, é evidente que o hidróxido de cálcio sob a forma de cal é libertado e permanece como excedente no cimento hidratado durante todo o processo de hidratação. Se houver cinzas volantes na mistura, então o excesso de cal actua como fonte de uma reação pozolânica com cinzas volantes e forma um gel C-S-H adicional com propriedades de ligação no betão semelhantes às produzidas pela hidratação da pasta de cimento. A reação da cinza volante com o excesso de cal prolonga-se até a cal deixar de estar presente nos poros da pasta de cimento líquida (Ash Utilization Division, 2007). O processo também pode ser demonstrado pelo diagrama seguinte (Fig. 4.12):

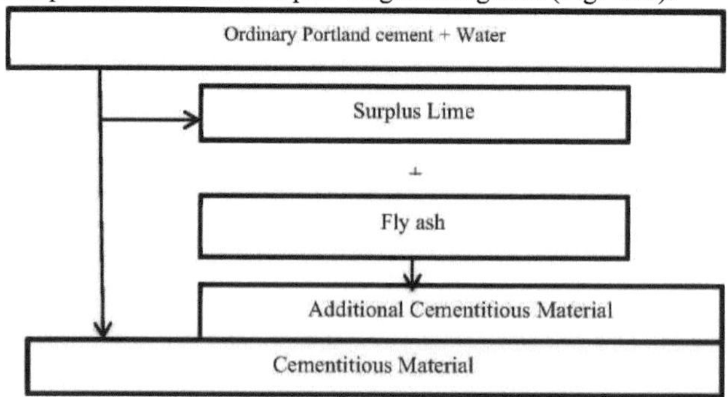

Fig 4.12: Reação entre o OPC e as cinzas volantes (Ash utilization division, 2007)

Os resultados do ensaio de resistência à compressão dos blocos de lamas-cimento-cinzas de mosca (SCF) são apresentados na Fig. 4.13.

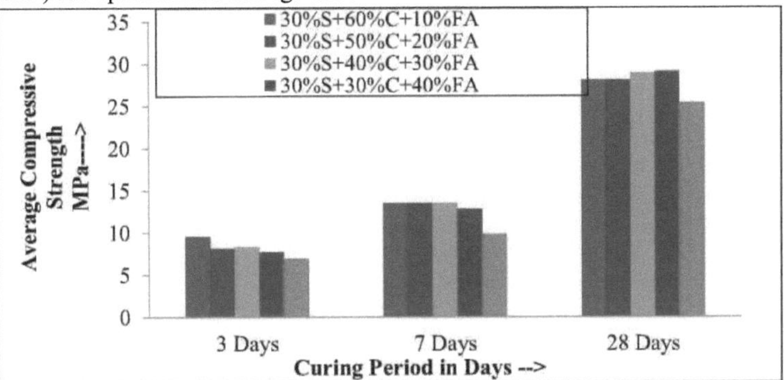

Fig.4.13: Comparação da resistência à compressão de diferentes proporções.

A resistência à compressão aumentou gradualmente de 28,1 MPa para 29,1 MPa, mas reduziu-se para 25,3 MPa com a percentagem mais elevada de cinzas volantes de 50% (3:2:5). Uma combinação óptima de lamas-cimento-cinzas volantes correspondente a uma resistência máxima à compressão de 29,1 MPa foi 3:3:4. Devido ao efeito vantajoso da cinza volante na reação de hidratação do cimento, a cinza volante contribuiu para a resistência dos blocos SCF e

aumento da resistência à compressão. Além disso, a cinza volante afecta as propriedades dos betões e argamassas através das suas caraterísticas pozolânicas e do seu efeito de enchimento. Sabe-se que o efeito de enchimento da cinza volante é mais eficaz do que as caraterísticas pozolânicas quando afecta as propriedades do betão (Yazici e Arel, 2012). Também é importante considerar K como um fator de eficiência de cimentação da cinza volante. Para simplificar, K pode ser assumido como um, particularmente para cinzas volantes de boa qualidade (Naik e Ramne, 1990)

4.5.3 Análise da água utilizada para a cura

A análise da água utilizada para a cura foi efectuada para estudar o comportamento lixiviante dos blocos SCF. Os resultados obtidos para o mesmo são apresentados na Tabela 4.5. Os resultados mostraram que os valores de turvação, alcalinidade total e cloretos sólidos totais diminuíram de 7,2 para 4,7 NTU, 108 para 72 mg/L e 1450 para 480 mg/L. O valor dos sólidos totais aumentou para 1320 mg/L após a adição de cinzas volantes e depois reduziu-se com um aumento do teor de cinzas volantes para 30%. A partir destes resultados, é evidente que, à medida que a percentagem de cinzas volantes aumenta, minimiza a lixiviação. Devido a este facto, a lixiviação foi reduzida e a turvação, a dureza, os cloretos e os sólidos foram muito menores em comparação com os dos blocos de lamas-cimento (SC).

Tabela 4.5 Análise da água utilizada para a cura dos blocos sólidos de lamas, cimento e cinzas volantes.

% de lamas	Cinza volante %	Cimento %	Análise da água utilizada para a cura				Sólidos (mg/L)		
			Turbidez NTU	Alcalinidade total mg/L	Dureza mg/L como $CaCO_3$	Cloretos mg/L	TS mg/L	TDS mg/L	SST mg/L

30	0	70	7.2	108	124	1450	400	200	200
	10	60	5.6	100	312	895	1320	480	840
	20	50	5.3	92	300	735	1150	420	730
	30	40	4.8	88	284	650	1080	390	690
	40	30	4.7	96	276	500	1130	410	720
	50	20	4.9	72	264	480	1060	410	650

4.5.4 Monitorização da condutividade eléctrica (CE) e dos TDS da água utilizada para Cura

A quantidade de CE/TDS na água utilizada para a cura indica a proporção de lixiviação dos constituintes dos blocos SCF. Os resultados do estudo diário de monitorização da CE e dos TDS efectuado nos blocos SCF são apresentados nas Fig. 4.14 e 4.15.

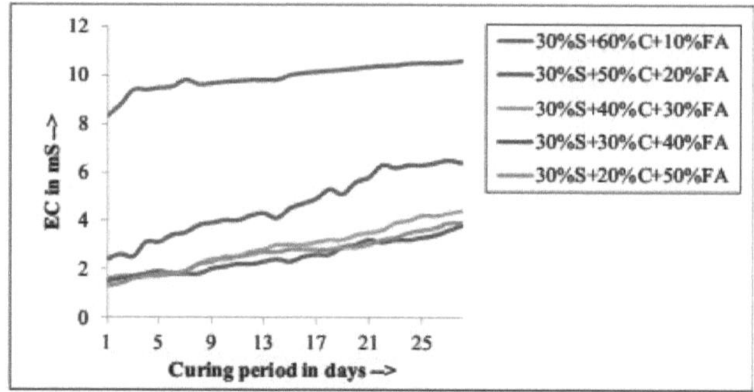

Fig. 4.14: Variações da condutividade eléctrica (CE) na água utilizada para a cura

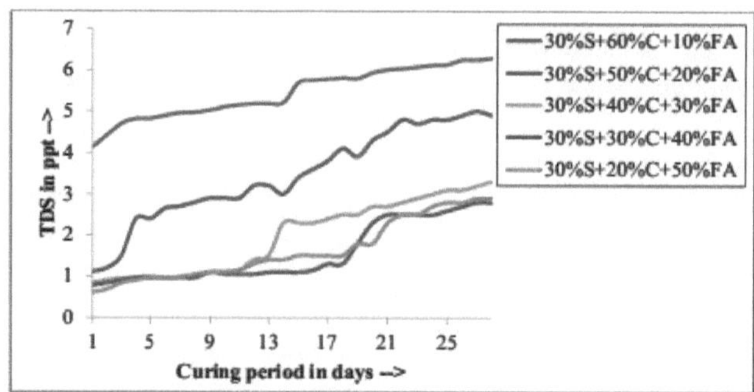

Fig. 4.15: Variação dos sólidos totais dissolvidos (TDS) na água utilizada para a cura

Os resultados mostraram que a CE e o TDS diminuíram com a diminuição do teor de cimento e o aumento do teor de cinzas volantes. Esta variação nos valores de CE e TDS pode ser atribuída a uma melhor difusividade e a uma melhor ligação das partículas devido à adição de cinzas volantes. Isto reduziu o potencial de lixiviação dos blocos SCF. Os valores de CE e TDS também diminuíram à medida que a percentagem de cinzas volantes aumentou e o teor de cimento diminuiu. Este facto ajudou a reduzir a lixiviação de contaminantes que estavam presentes nas lamas.

A condutividade da água é afetada pela presença de sólidos inorgânicos dissolvidos, como os aniões cloreto, nitrato, sulfato e fosfato (iões com carga negativa) ou os catiões sódio, magnésio, cálcio, ferro e alumínio (iões com carga positiva).

Os iões Ca++ e OH⁻ são os mais importantes do ponto de vista da condutividade eléctrica. Além disso, podem ser encontradas concentrações significativas de iões Na^+, K^+, e so_4^- no fluido dos poros da argamassa de cimento. As concentrações de Ca^{++} e so_4^- diminuem lentamente quando a hidratação começa e as concentrações de Na^+, K^+, e OH⁻ aumentam lentamente (Backe et al., 2001). Assim, não se pode esperar que a condutividade da água dos poros do cimento permaneça constante. Christensen (1995) mostrou que a condutividade da água dos poros aumenta significativamente durante o processo de hidratação. Esta foi a possível razão para a variação da CE.

4.5.5 Análise elementar da água utilizada na cura para controlo de metais pesados

Para verificar a adequação ambiental dos blocos SCF, foi necessário verificar a presença de metais pesados na água utilizada para a cura. Os resultados da análise SEM - EDS efectuada para a deteção de metais pesados em blocos de lamas, cimento e cinzas volantes (SCF) são apresentados na Fig. 4.16.

A estabilização é um processo em que os aditivos são misturados com os resíduos para minimizar a taxa de migração de contaminantes dos resíduos e para reduzir a toxicidade dos mesmos. A solidificação é um processo de utilização de aditivos através dos quais a natureza física dos resíduos é alterada durante o processo. A estabilização/solidificação (S/S) é um processo amplamente aplicado para a imobilização de constituintes inorgânicos de resíduos, especialmente de metais. Muitas formulações combinam cimento Portland com cinzas volantes, cal, silicatos solúveis, argilas e outros materiais. O cimento Portland continua a ser a espinha dorsal da tecnologia S/S, quer seja utilizado isoladamente ou em combinação com outros constituintes, como as cinzas volantes. O cimento é normalmente um dos aglutinantes mais comuns para a S/S (Portland cement association, 1991).

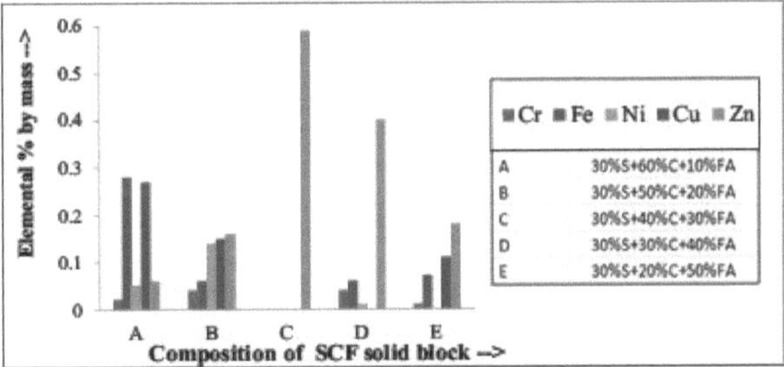

Fig. 4.16: Análise da água utilizada na cura para controlo dos metais pesados por meio de MEV
A análise da água utilizada para a cura mostrou que, quando a cinza volante foi adicionada à mistura de lamas de cimento, a lixiviação de metais foi muito menor, ou seja, inferior a 0,6% em massa. Isto deveu-se ao facto de a cinza volante ter um efeito vantajoso nas reacções de cimentação, melhorando assim a matriz de solidificação das lamas de cimento. A matriz de solidificação é um produto endurecido que resulta da adição de cimento, lamas e cinzas volantes juntamente com água. A adição de cinzas volantes levou à imobilização de Pb e Hg, que foram detectados nos blocos SC (ver Fig. 4.9).

4.5.6 Efeito do ambiente ácido nos blocos de lamas, cimento e cinzas volantes (SCF)

A capacidade de um material de construção alterado com lamas para resistir a condições ambientais adversas pode ser assegurada expondo-o a ambientes ácidos. Os blocos sólidos foram mantidos para cura em água ligeiramente ácida com pH 5. A Fig. 4.17 mostra a comparação entre a resistência de 28 dias e 365 dias dos blocos sólidos de lamas-cimento-cinzas volantes (SCF) mantidos em água ligeiramente ácida (pH=5).

Estes resultados foram comparados com a cura do betão. O ganho de resistência foi muito inferior (10 a 15%) em comparação com o betão curado em água normal durante um período de 365 dias. O betão, quando curado em água normal, apresentou um ganho de resistência de 50 a 60% em comparação com a resistência de 28 dias (Gonnerman e Shuman, 1928). Pode concluir-se que houve um efeito de condições ligeiramente ácidas no processo de ganho de resistência dos blocos sólidos SCF. Os resultados deste estudo podem ser utilizados para verificar a aplicabilidade dos blocos SCF em solos com pH ácido. Estes resultados sugerem a necessidade de uma investigação pormenorizada para estudar o efeito da cura ácida nos blocos SCF.

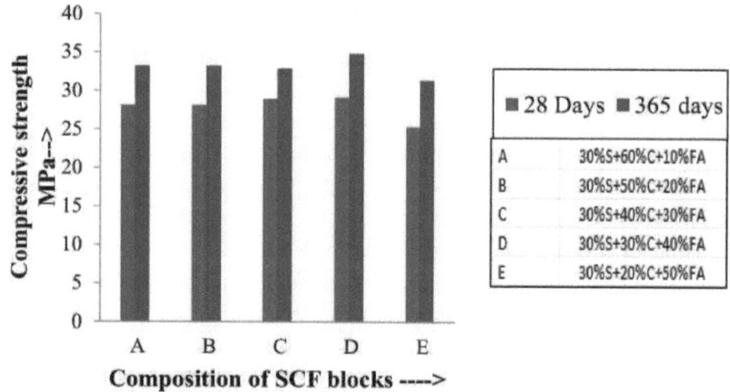

Fig. 4.17: Comparação da resistência à compressão a 28 dias e 365 dias dos blocos SC

4.6 REUTILIZAÇÃO DE LAMAS DE FÁBRICAS TÊXTEIS EM TIJOLOS DE BARRO QUEIMADO

Para aumentar a utilização a granel das lamas como materiais de construção, foram efectuados ensaios em tijolos com lamas. Assim, as argilas para tijolos são parcialmente substituídas por lamas de fábricas têxteis (em percentagem de peso).

4.6.1 Teor de água dos tijolos

A compactação é um processo pelo qual as partículas do solo são artificialmente reorganizadas e compactadas num estado de contacto mais próximo por meios mecânicos, a fim de diminuir o índice de vazios do solo e, assim, aumentar a sua densidade seca. O tipo de solo, em termos de distribuição granulométrica, forma dos grãos do solo, gravidade específica dos sólidos do solo, percentagem do teor de finos e tipo de finos, tem um grande impacto no peso unitário seco máximo e no teor de humidade ótimo (Arvelo, 2004).

O teste de compactação foi realizado de acordo com BIS: 2720 (Parte VII), 1980. O teor de humidade ótimo e os valores de densidade seca correspondentes são apresentados no Quadro 4.6. Os valores do teor de humidade ótimo (OMC) obtidos dos solos branco, vermelho e preto foram 18,72%, 19,27% e 21,22%, respetivamente. Esta variação nos valores do CMO pode ser atribuída à distribuição granulométrica dos solos. Para a moldagem de tijolos, é mantido um teor de água de 23-25% para facilitar a trabalhabilidade da mistura. A manutenção do teor de humidade abaixo deste intervalo coloca dificuldades na moldagem dos tijolos.

Tabela 4.6: Resultados do ensaio Proctor Padrão realizado em solo branco, vermelho e preto

Amostra de solo	Densidade seca máx. Densidade seca (MDD) em KN/m^3	Teor de humidade ótimo (OMC) em %
Solo branco	19.92	18.72
Solo vermelho	21.12	19.27
Terra preta	18.05	21.20

4.6.2 Percentagem de perda de peso dos tijolos de argila queimada após cozedura a temperaturas elevadas

A qualidade do tijolo pode ainda ser assegurada de acordo com a perda de peso que ocorre durante a cozedura. Normalmente, um tijolo de boa qualidade apresenta uma perda de peso menor. Quando os tijolos em bruto são cozidos, perdem peso em comparação com o seu peso inicial. As Fig. 4.18 a 4.20 mostram a variação da percentagem de perda de peso após a cozedura a 600° C, 700° C e 800° C para diferentes períodos de cozedura (8 horas, 16 horas e 24 horas).

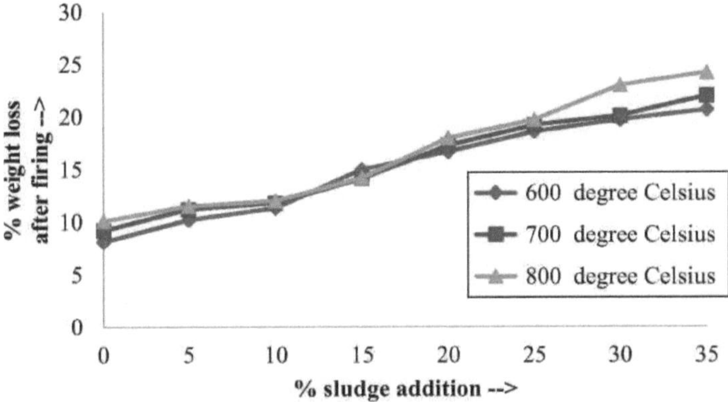

Fig. 4.18: Variações da percentagem de perda de peso para tijolos de argila queimada correspondentes a um período de cozedura de 8 horas

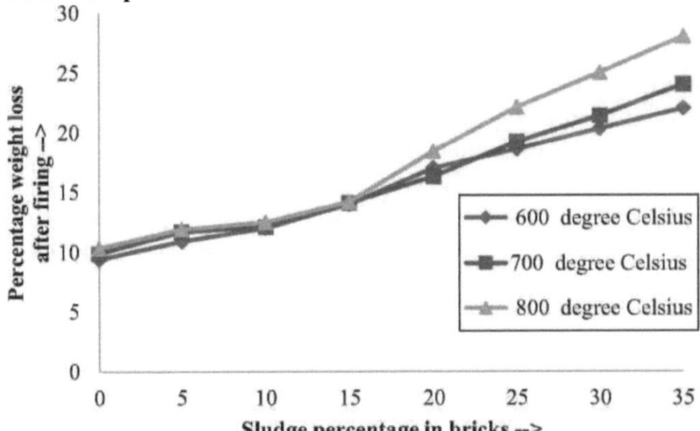

Fig. 4.19: Variações da percentagem de perda de peso para tijolos de argila queimada correspondentes a um período de cozedura de 16 horas

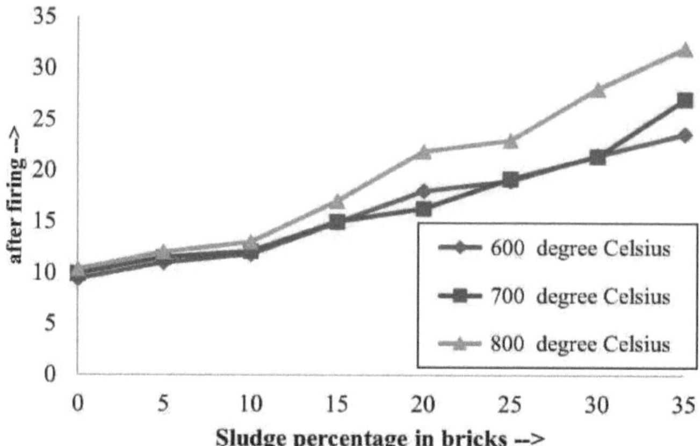

Fig. 4.20: Variações da percentagem de perda de peso para tijolos de argila queimada correspondentes a um período de cozedura de 24 horas

Para o tijolo de barro queimado com 100% de material de base (40% de óleo branco, 40% de terra vermelha e 20% de terra preta), ou seja, 0% de lama, registou-se uma menor perda de peso. Este facto pode ser atribuído à queima de matéria orgânica que pode estar presente nos solos. No caso dos tijolos de argila queimados, a percentagem de perda de peso aumentou gradualmente de 10 para 30% com um aumento do teor de lamas de 0 para 35%. As principais razões para a perda de peso são: a evaporação da água dos tijolos durante o processo de cozedura, a desidroxilação de substâncias inorgânicas a temperaturas mais elevadas e a combustão de materiais orgânicos durante o processo de cozedura. O critério limite de perda de peso para um tijolo de barro normal é de 15% (Baskar et al., 2006). Quando a adição de lamas foi de 0 a 15%, os tijolos de barro cozidos cumpriram os requisitos acima referidos. O exame físico mostrou que os tijolos com lamas tinham uma superfície irregular. Também se verificou que a formação desta superfície irregular se devia principalmente à queima do conteúdo orgânico das lamas durante o processo de cozedura. Durante o processo de cozedura, a matéria orgânica queima e, como resultado, os gases/vapores escapam da matriz do tijolo, criando assim uma estrutura porosa e uma superfície irregular.

4.6.3 Variações de densidade em tijolos de argila queimada

A densidade é descrita como a relação entre o peso do tijolo alterado de lama e o seu volume. Mede a proporção de matéria (argila e lamas de moinhos têxteis) que se encontra no volume. A densidade dos tijolos cozidos é regida pela gravidade específica das matérias-primas, pelo método de fabrico e pela temperatura de cozedura escolhida.

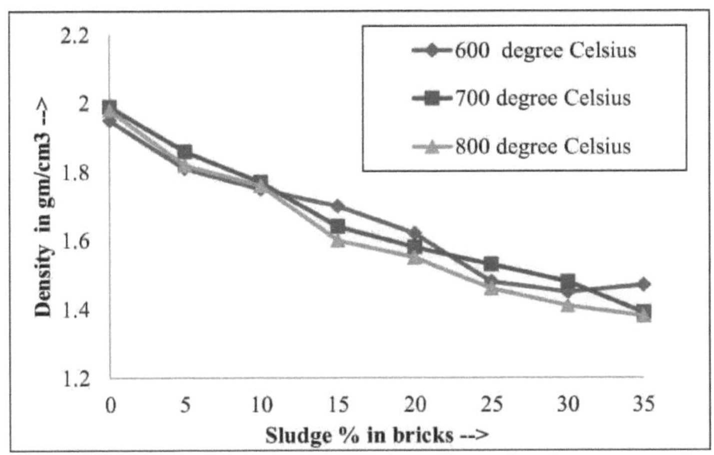

Fig. 4 21: Variações de densidade para tijolos de argila queimada correspondentes a um período de cozedura de 8 horas

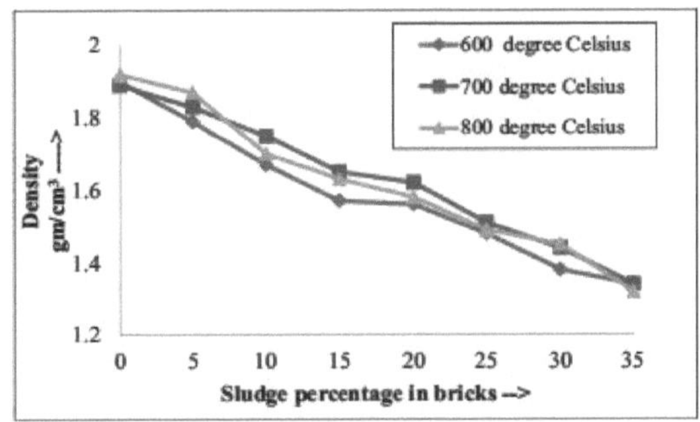

Fig.4.22: Variações de densidade para tijolos de argila queimada correspondentes a um período de cozedura de 16 horas

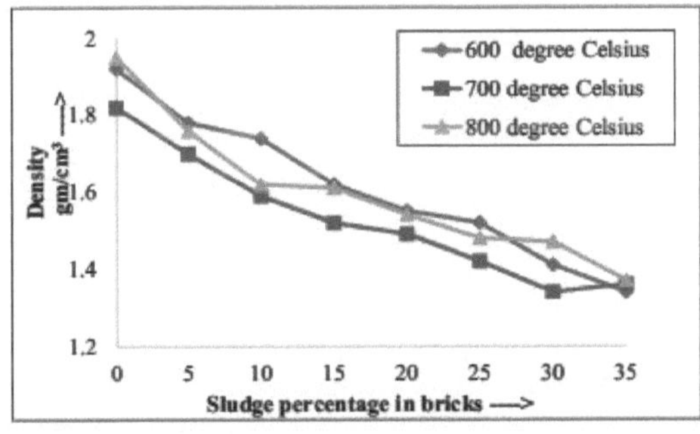

Fig. 4.23: Variações de densidade para tijolos de argila queimada correspondentes a um período de cozedura de 24 horas

As Fig. 4.21 a 4.23 mostram variações de densidade para períodos de cozedura de 8 h, 16 h e 24 h, respetivamente, para temperaturas de cozedura de 600^0 C, 700^0 C e 800^0 C. Os resultados indicaram que a densidade dos tijolos diminuiu com o aumento da quantidade de lama nos tijolos. Registou-se uma diminuição gradual da densidade de 2 gm/cm^3 para 1,3 gm/cm^3 com um aumento do teor de lamas de 0 para 35%. A principal razão para este comportamento foi a menor gravidade específica das lamas da fábrica de têxteis. Outra razão possível foi o facto de a fábrica têxtil conter material orgânico; o mesmo foi queimado e volatilizado a temperaturas superiores a 550° C. Por conseguinte, houve perda de peso e redução da densidade à medida que a percentagem de lamas nos tijolos aumentou. Além disso, é de notar que, à medida que a densidade dos tijolos diminui, a sua resistência diminui e a absorção de água aumenta (Karman et al., 2006).

4.6.4 Resistência à compressão de tijolos de argila queimada

A resistência à compressão é um dos testes mais importantes para garantir a qualidade de engenharia de um material de construção no local. A resistência à compressão determina o potencial de aplicação dos tijolos. A resistência à compressão dos tijolos de barro cozido é fortemente influenciada pelas caraterísticas dos ingredientes (três tipos de solos e lamas de fábricas têxteis) utilizados e pelo controlo de qualidade do processo de produção. Outras caraterísticas que determinam a resistência à compressão são a composição mineral, a textura, o padrão de fissuras, o tipo de cristalização e o nível de porosidade. As Fig. 4.24 a 4.26 mostram os resultados das resistências à compressão dos tijolos de barro queimado cozidos em períodos de cozedura de 8 h, 16 h e 24 h com temperaturas de cozedura de 600° C, 700° C e 800° C, respetivamente.

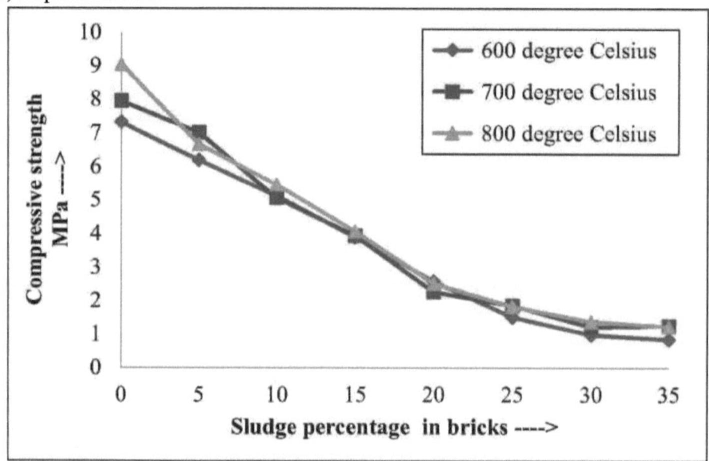

Fig. 4.24: Resultados da resistência à compressão para tijolos de argila queimada correspondentes a um período de cozedura de 8 horas

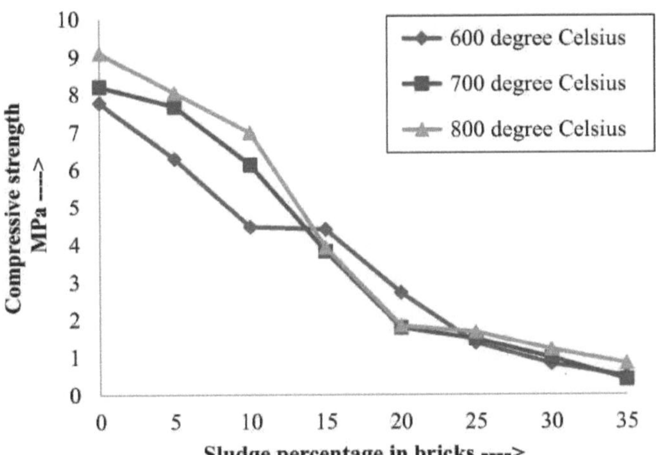

Fig. 4.25: Resultados da resistência à compressão para tijolos de argila queimada correspondentes a um período de cozedura de 16 horas

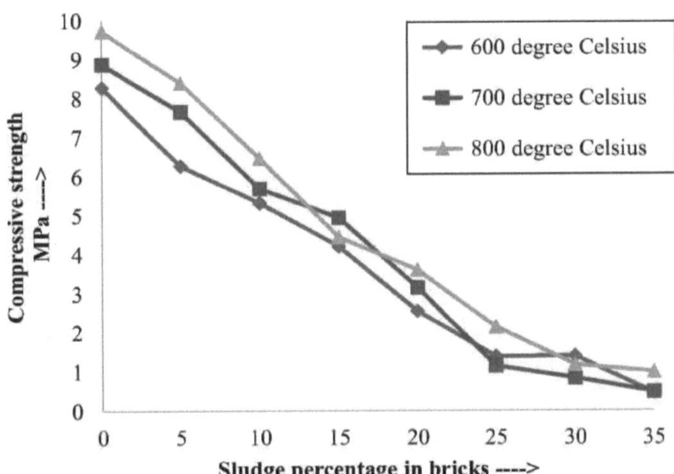

Fig. 4.26: Resultados da resistência à compressão para tijolos de argila queimada correspondentes a um período de cozedura de 24 horas

O efeito da temperatura de queima na resistência à compressão pode ser atribuído à conclusão do processo de cristalização e à sinterização efectiva a altas temperaturas. Pelo contrário, o efeito do aumento do teor de lamas é atribuído ao baixo teor de sílica nas lamas e à consequente diminuição da resistência à compressão com o aumento do rácio de lamas (Victoria, 2013).

4.6.5 Absorção de água dos tijolos de argila queimada

A absorção de água é um aspeto importante que afecta a durabilidade dos tijolos de argila queimada. Quanto menor for a infiltração de água num tijolo, maior será a sua durabilidade. Assim, a estrutura interna do tijolo deve ser suficientemente impermeável para minimizar a entrada de água. A absorção de água determina então a capacidade de armazenamento e de circulação do fluido no interior do tijolo, favorecendo a deterioração e a redução da resistência mecânica em circunstâncias adversas. A cozedura de tijolos de barro a temperaturas mais elevadas provoca uma série de alterações mineralógicas, texturais e físicas. O tamanho e a distribuição dos poros são determinados pela qualidade da argila crua, pela presença de aditivos ou impurezas (neste caso, lamas de fábricas têxteis), pela quantidade de água adicionada e pela temperatura de cozedura mantida durante o processo de cozedura (Fernandes et al., 2010). A maior parte do volume do tijolo é constituída por poros.

As Fig. 4.27 a 4.29 mostram os resultados da absorção de água para o período de cozedura de 8 horas, 16 horas e 24 horas, correspondendo a temperaturas de cozedura de 600° C, 700° C e 800° C, respetivamente. A percentagem de absorção de água dos tijolos aumentou com o aumento da percentagem de lama. O aumento das temperaturas de cozedura e do período de cozedura também aumentou a absorção de água dos tijolos com percentagens mais elevadas de lamas. Isto pode dever-se ao facto de a matéria orgânica presente nas lamas queimar a temperaturas mais elevadas e de a matéria volátil sair durante o processo de cozedura, produzindo assim um grande número de vazios no corpo dos tijolos. Os vazios assim produzidos provocam um aumento da absorção de água dos tijolos. Verificou-se que a absorção de água com um teor de 15% de lamas era inferior a 20% quando os tijolos eram cozidos durante 24 horas a 800° C. Este comportamento está relacionado com o aumento da porosidade dos tijolos com lamas. De acordo com [BIS: 3495 (Parte I a IV), 1992] a absorção de água dos tijolos de argila queimada deve ser inferior a 20%. Este requisito foi satisfeito com o conteúdo de lamas de 5%, 10% e 15% com uma temperatura de cozedura de 800° C e um período de cozedura de 4 horas. Quando a percentagem de lama foi aumentada para mais de 15%, os tijolos não cumpriram os requisitos do código BIS em todas as combinações de teste.

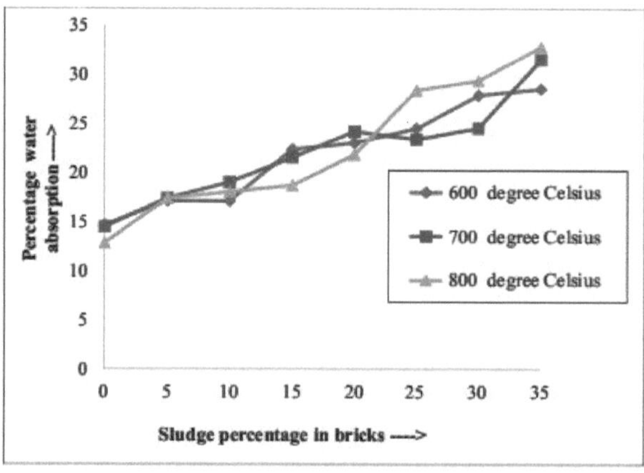

Fig. 4.27: Percentagem de absorção de água dos tijolos após cozedura durante 8 horas.

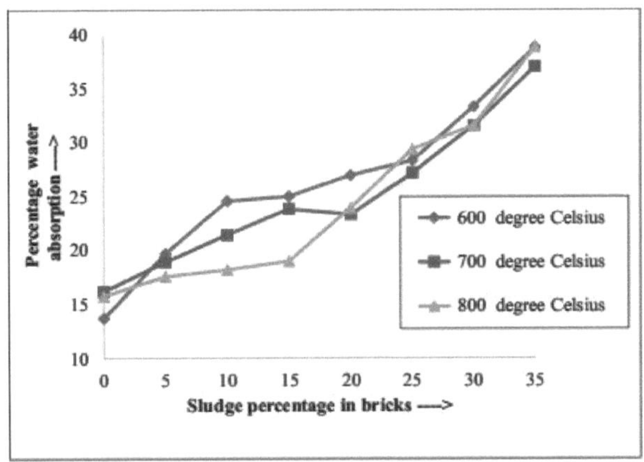

Fig. 4.28: Percentagem de absorção de água dos tijolos após cozedura de 16 horas.

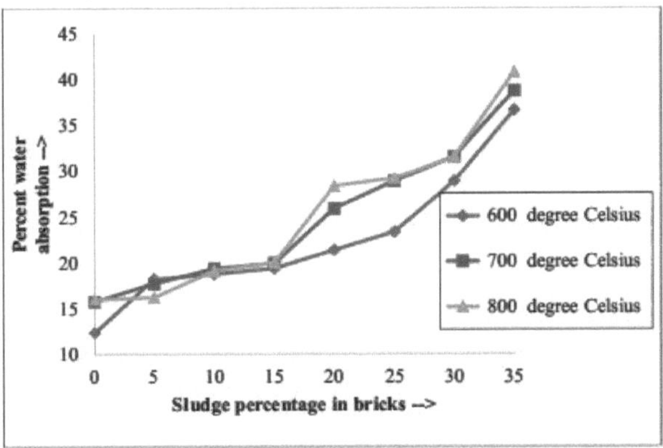

Fig. 4.29: Percentagem de absorção de água dos tijolos após cozedura durante 24 horas.

4.6.6 Som de toque e eflorescência de tijolos de barro queimado

Os tijolos de barro podem conter alguma quantidade de substâncias alcalinas. No entanto, quanto maior for a presença de tal conteúdo, maior é o risco de eflorescência, que aparece nas superfícies dos tijolos como finas camadas esbranquiçadas (depósitos). Estas são difíceis de controlar e podem levar a outros problemas permanentes, especialmente estéticos, numa estrutura. A eflorescência é o aparecimento de manchas brancas na superfície dos tijolos. Se não for observada qualquer formação salina esbranquiçada ou se esta for negligenciável, a eflorescência é considerada "nula". Da mesma forma, a eflorescência é considerada "ligeira" se 10% ou menos da superfície do tijolo estiver coberta apenas pela substância salgada. O mesmo é considerado "moderado" se 50% da superfície for afetada pelo depósito salgado esbranquiçado, mas sem formação de flocos. A eflorescência é considerada "pesada" se 50% da superfície for afetada pelo depósito de pó esbranquiçado simultaneamente com a descamação da superfície. Para qualquer alvenaria de qualidade, aconselha-se a utilização de tijolos com eflorescência "nula" ou, no máximo, "ligeira". Mais do que isso só pode ser utilizado em trabalhos de baixa qualidade onde a eflorescência não constitua um problema importante.

As observações físicas mostraram que a eflorescência foi "nula" para 0% de lamas, enquanto que a eflorescência "ligeira a moderada" foi observada para uma percentagem crescente de lamas até 35%. No caso dos tijolos com 0 a 15% de adição de lamas, foi observada uma eflorescência "nula a ligeira". A eflorescência pode ser atribuída aos 22,99% de CaO presentes nas lamas da fábrica de têxteis.

O teste do som de toque é um teste de campo informal prevalecente na Índia para verificar a qualidade dos tijolos no local. Quando dois tijolos apanhados ao acaso são ligeiramente batidos um contra o outro, devem produzir um som de toque. O som do toque indica a qualidade dos tijolos. O som do toque diminui com o aumento do teor de lama. O som de toque foi ouvido para tijolos com 100% de material de base. O som de toque foi menos ouvido no caso de tijolos com 35% de adição de lama. Este facto deveu-se ao aumento da porosidade dos tijolos. No caso dos tijolos com um teor de lamas superior a 15%, o zumbido foi menor do que no caso dos tijolos com 100% de material de base.

4.6.7 Análise por fluorescência de raios X (XRF) de amostras de tijolos cozidos

Quando os tijolos de barro são cozidos a temperaturas mais elevadas, ocorrem alterações físicas e químicas significativas devido a uma diferença nos ingredientes presentes na mistura. A fim de avaliar as transformações químicas, foi necessária uma análise XRF. Foi determinada uma composição química pormenorizada dos tijolos para os tijolos de barro com lamas. A Fig. 4.30 mostra as variações no conteúdo elementar de três amostras de tijolos queimados, como se indica de seguida.

Amostra 1) 100% de material de base + 0% de lamas

Amostra 2) 85% de material de base + 15% de lamas

Amostra 3) 65% de material de base + 35% de lamas

A análise XRF das amostras de tijolos mostrou que houve uma diminuição gradual dos óxidos de alumina e sílica de 5,3 para 4,3% e de 27,1 para 26,3%, respetivamente, com o aumento das lamas. A redução da resistência à compressão pode ser atribuída à redução dos óxidos de alumina e de sílica nos tijolos de argila queimada. Também se verificou que os óxidos de Cálcio e Ferro aumentaram de 4,1 para 10,5% e de 10,7 para 13,1%, respetivamente.

Uma das principais preocupações de qualquer lama industrial a ser utilizada como material de construção é o teor de metais pesados do produto. Os metais pesados presentes nas lamas são imobilizados devido ao processo de cozedura, pelo que as percentagens destes metais são mais baixas. A análise química demonstrou que as concentrações de metais pesados como o chumbo, o níquel e o crómio eram muito mais baixas. Assim, a reutilização de lamas de fábricas têxteis em tijolos de barro queimado parece ser uma opção amiga do ambiente em comparação com outras alternativas.

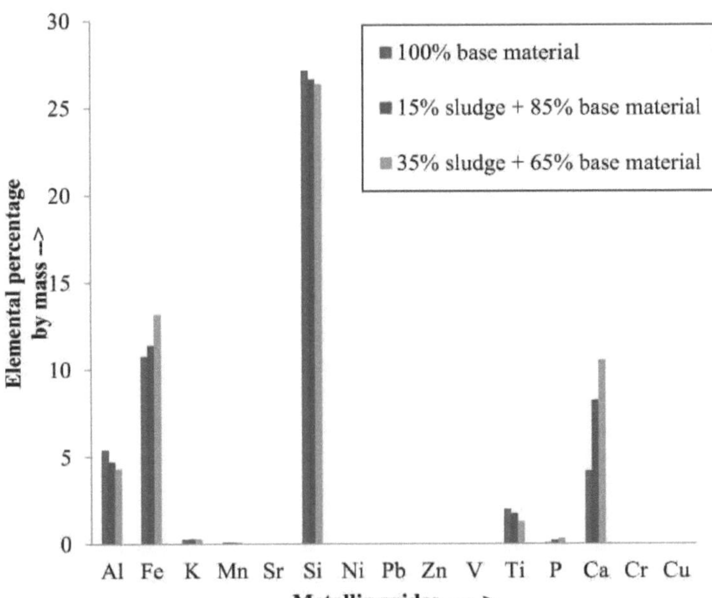

Fig. 4.30: Análise elementar de uma amostra de pó de tijolo para verificar a presença de metais pesados

4.6.8 Ensaio TCLP (Toxicity Characteristic Leaching Procedure) em lamas

Tijolos de barro amassado

O ensaio TCLP é utilizado para determinar a mobilidade de constituintes orgânicos e inorgânicos presentes em resíduos líquidos, sólidos e multifásicos. Os ensaios TCLP dão uma ideia das possibilidades de lixiviação de metais pesados. Por conseguinte, foram analisadas amostras de tijolos com uma combinação óptima. A Tabela 4.7 mostra os resultados do TCLP para o pó de tijolo com 15% de lamas de fábricas têxteis. A solidificação dos metais pesados pode ter ocorrido por diferentes mecanismos, como o encapsulamento físico, a adsorção e a precipitação.

O teste TCLP confirmou que o mercúrio, o chumbo e o molibdénio não estavam presentes. O cobre, o zinco, o cobalto e o níquel estavam a ser lixiviados do tijolo, mas estavam presentes numa quantidade variável. Também indicou que a cozedura a uma temperatura mais elevada (800° C) tornava os metais menos lixiviáveis, uma vez que a matriz de tijolo de argila cozida não permitia que os metais pesados fossem lixiviados em maior quantidade.

Quadro 4.7: Resultados TCLP de 15% de tijolo de argila queimada alterado com lamas

Elemento	Concentração em ppm
Cu	269.74
Zn	51.96
CO	13.85
Ni	39.1
Pb	Não detectado
Hg	Não detectado

| MO | Não detectado |

4.7 REUTILIZAÇÃO DE LAMAS DE FÁBRICAS TÊXTEIS EM DIFERENTES TIPOS DE BETÃO

A pasta de cimento no betão pode ligar-se a muitos tipos de materiais. Por conseguinte, as lamas da fábrica de têxteis foram utilizadas para substituir os agregados finos no betão, a fim de facilitar o consumo a granel das lamas.

4.7.1 Conceção da mistura para diferentes graus de betão

O processo de seleção dos ingredientes adequados do betão e de determinação das suas quantidades relativas, com o objetivo de produzir um betão com a resistência, durabilidade e trabalhabilidade exigidas, da forma mais económica possível, é designado por projeto de mistura de betão. A dosagem dos ingredientes do betão é regida pelo desempenho exigido do betão em dois estados/fases, nomeadamente o estado plástico e o estado endurecido. Se o betão plástico não for trabalhável, não pode ser corretamente colocado e compactado. As Tabelas 4.8 a 4.10 mostram as proporções de mistura para os graus de betão M20, M25 e M30.

Tabela 4.8: Proporção de mistura para M-20

% de lamas	Lodo em kg	Cimento em kg	Ótimo Agregado em kg	Grosso Agregado em kg	Água Em lit	W C rácio
0	0		43.54			
4	1.74		41.80			
8	3.48		40.06			
12	5.22		38.32			
16	6.96	17.11	36.52	66.88	9.42	0.55
20	8.71		34.8			
24	10.45		33.09			
28	12.19		31.3			
32	13.93		29.61			
36	15.67		27.86			

Quadro 4.9: Proporção da mistura para M-25

% de lamas	Lodo em kg	Cimento em kg	Ótimo Agregado em kg	Grosso Agregado em kg	Água acesa	W C Rácio
0	0		42			
4	1.68		40.32			
8	3.36		38.64			
12	5.04		36.96			
16	6.72	20.04	35.28	68.44	9.42	0.47
20	8.40		33.6			
24	10.08		31.92			
28	11.76		30.24			
32	13.44		28.56			

36	15.12		26.88			

Tabela 4.10: Proporção de mistura para M-30

% de lamas	Lodo em kg	Cimento em kg	Ótimo Agregado em kg	Agregado grosso em kg	Água Em lit	W C rácio
0	0		42.00			
4	1.68		40.32			
8	3.36		38.64			
12	5.04		36.96			
16	6.72	20.90	35.28	65.33	9.42	0.45
20	8.40		33.60			
24	10.08		31.92			
28	11.76		30.24			
32	13.44		28.56			
36	15.12		26.88			

A Tabela 4.11 mostra um resumo das concepções de mistura para os graus de betão M20, M25 e M30. O teor de lamas de moagem de têxteis foi variado em peso como substituto dos agregados finos. O cimento, os agregados grossos e o teor de água foram mantidos constantes. Estas proporções foram utilizadas para moldar diferentes tipos de betão com percentagens variáveis de lamas.

Quadro 4.11: Resumo das concepções de misturas para as classes M20, M25 e M30.

Material	M20	M25	M30
	Quantidade de material em Kg/m^3 de		betão fresco
Cimento	338	396	413
Agregado fino	750	736	728
Agregado grosso	1177	1196	1148
Água	186	186	186
Relação W/C	0.55	0.47	0.45

4.7.2 Ensaios em betão fresco

A trabalhabilidade é um termo geral para descrever as propriedades do betão fresco.

A trabalhabilidade é frequentemente definida como a quantidade de trabalho mecânico necessário para a compactação total do betão sem segregação. A fim de avaliar o efeito da adição de lamas na trabalhabilidade do betão, foram determinados o abatimento e o fator de compactação.

4.7.2.1 Cone de abatimento

Um cone de abatimento mede a consistência do betão nesse lote específico. Este ensaio é realizado para verificar a consistência do betão acabado de fazer. O resultado do ensaio de abatimento é uma queda na altura de um cone invertido de betão compactado sob a ação da gravidade. A Fig. 4.31 mostra as variações dos valores de abatimento com a variação da percentagem de lamas. Verifica-se que o valor do abatimento é máximo para uma mistura convencional (0% de lamas) para os graus M20, M25 e M30. À medida que a percentagem de lamas aumentava, o valor do abatimento reduzia-se a zero. Para a classe M20, o valor do abatimento foi zero com uma adição de lamas superior ou igual a 24%. Da mesma forma, os valores do abatimento para os graus M25 e M30 foram zero para teores de lamas superiores ou iguais a 20% e 16%, respetivamente. A redução do abatimento do cone de abatimento deveu-se à superfície esponjosa das partículas de lama com elevada capacidade de absorção de água que utiliza mais água, resultando num aumento da perda de abatimento.

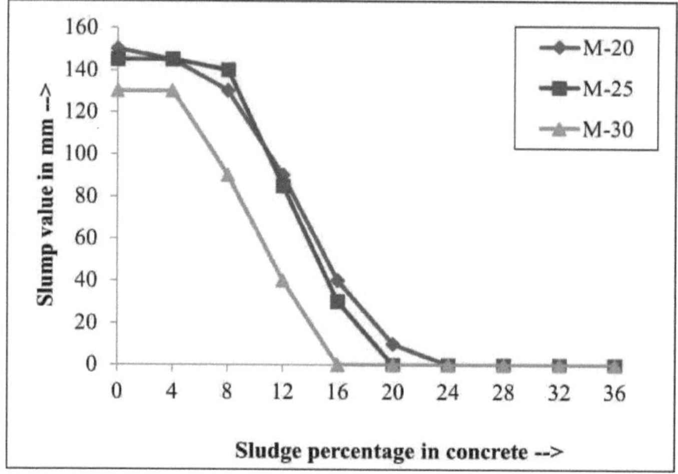

Fig 4.31: Variação do abatimento com a alteração do teor de lamas para diferentes tipos de betão

4.7.2.2 Fator de compactação

A Fig. 4.32 mostra as variações dos valores do fator de compactação com a variação da percentagem de lamas para diferentes tipos de betão. O fator de compactação foi máximo, ou seja, a trabalhabilidade é elevada, para a mistura convencional correspondente aos graus M20, M25 e M30. À medida que a percentagem de lamas aumenta, o fator de compactação diminui. A trabalhabilidade diminuiu principalmente devido ao facto de as partículas de lamas absorverem uma maior quantidade de água em comparação com os agregados finos. Vários outros factores podem ter efeitos adversos na trabalhabilidade do betão alterado com lamas, tais como a quantidade de substituição das lamas têxteis, as propriedades físicas das lamas têxteis e o teor orgânico das lamas da fábrica de têxteis.

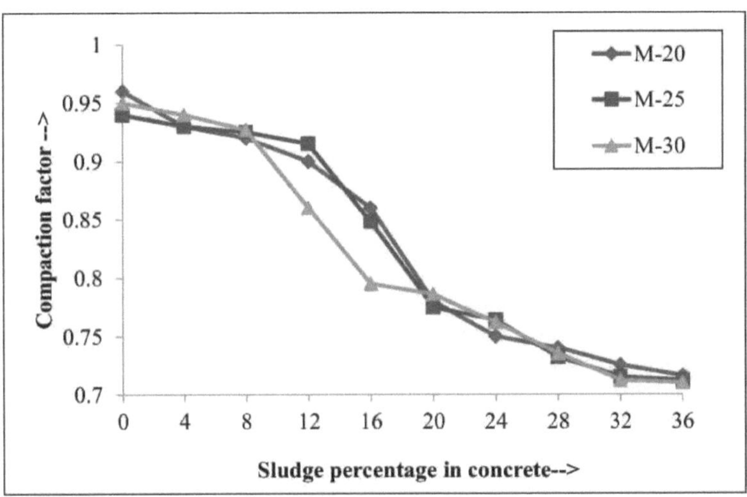

Fig 4.32: Variação do fator de compactação com a alteração do teor de lamas para diferentes tipos de betão

4.7.3 Variação da densidade do betão com lamas

A Fig. 4.33 mostra as variações da densidade média em função da variação da percentagem de lamas. A densidade da mistura de betão diminuiu à medida que a percentagem de lamas aumentou. As razões possíveis são a natureza porosa das lamas e a sua menor gravidade específica em comparação com os agregados finos substituídos.

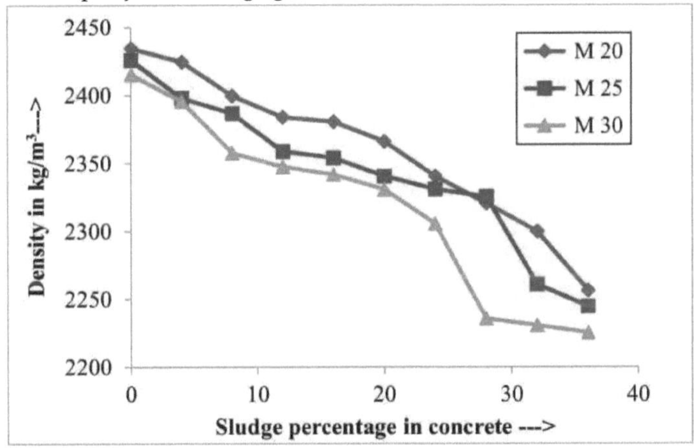

Fig 4.33: Variação da densidade média com a alteração do teor de lamas para diferentes tipos de betão

4.7.4 Resistência à compressão do betão alterado com lamas

A resistência final do betão é influenciada pela relação água-cimento, pelos constituintes e pelos métodos de mistura, colocação e cura utilizados. As Fig. 4.34 a 4.36 mostram as variações da resistência média à compressão aos 3 dias, 7 dias e 28 dias, correspondentes aos betões das classes M20, M25 e M30, respetivamente, em função da variação da percentagem de lamas. Verifica-se que a resistência à compressão diminui gradualmente com o aumento da percentagem de lamas. A resistência média à compressão diminuiu de 36,5 para 18,6 MPa no caso do betão M20, de 41,6 para 22,5 MPa no caso do betão M25 e de 44,5 para 29,2 MPa no caso do betão M30, respetivamente, com um aumento do teor de lamas de 0 para 36%.

Sempre que as lamas são adicionadas ao betão, surgem poros adicionais na matriz do betão, o que acaba por diminuir a densidade do betão e provocar uma menor resistência (Neville, 1995). Também com a maior alcalinidade da matriz, estas condições contribuem para o aumento da espessura da película duplex, uma camada na zona de transição interfacial entre a pasta de cimento e o agregado. Consequentemente, estes fenómenos provocam uma ligação mais fraca entre o agregado e a pasta de cimento, o que resulta numa menor resistência à compressão do betão (Bendsted e Barnes, 2002). Tashiro et al. (1977) também referiram que a hidratação dos materiais de cimento era retardada na presença de metais pesados.

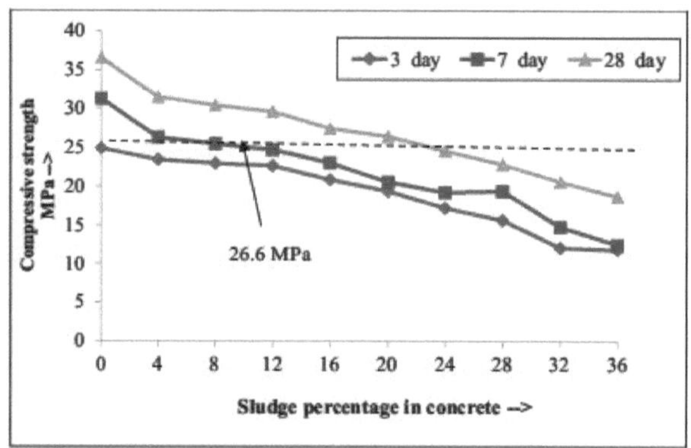

Fig. 4.34: Resistência média à compressão para o betão do tipo M20

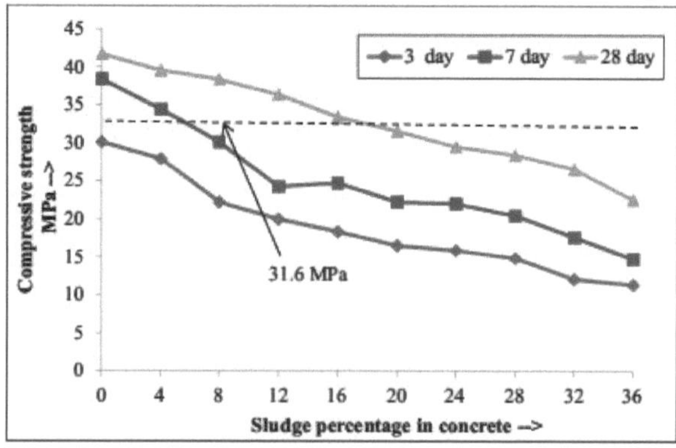

Fig 4.35: Resistência média à compressão para o betão de grau M25

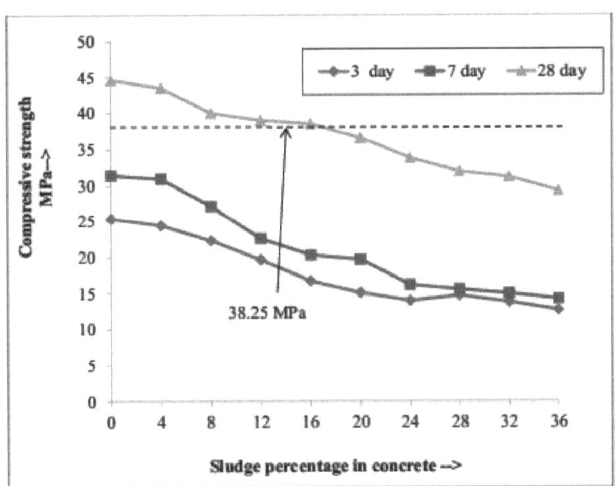

Fig. 4.36: Resistência média à compressão do betão do tipo M30

Esta diminuição da resistência à compressão deveu-se também à presença de matéria orgânica biodegradável e de compostos inorgânicos nas lamas, que interferem no processo de reforço da resistência do betão. A percentagem óptima de lamas que pode ser adicionada sem comprometer a resistência média pretendida, ou seja, 26,6 MPa para o betão M20, 31,6 MPa para o betão M25 e 38,25 MPa para o betão M30, foi de 16%.

4.7.5 Análise da água utilizada para a cura do betão amassado com lamas

Para decidir sobre a sustentabilidade ambiental do betão alterado com lamas, é importante analisar a água utilizada para a cura. Por conseguinte, a análise da água utilizada para a cura foi efectuada no final do período de cura, ou seja, aos 28 dias. As Tabelas 4.12 a 4.14 mostram os resultados de vários parâmetros, tais como alcalinidade, dureza, cloretos, TS, TDS, SS correspondentes aos graus de betão M20, M25 e M30, respetivamente.

Quadro 4.12: Análise da água utilizada para a cura do betão de tipo M-20

% Lamas	Alcalinidade (mg/L)	Dureza (mg/L)	Cloretos (mg/L)	TS (mg/L)	TDS (mg/L)	SS (mg/L)
0	444	48	252.39	640	580	60
4	580	56	272.58	1920	1360	560
8	612	52	292.77	2040	1160	880
12	756	60	312.96	2380	1840	540
16	852	64	333.15	2400	1620	780
20	844	48	348.29	2600	2160	440
24	996	44	378.58	2820	2120	700
28	1010	40	398.77	2860	2160	700
32	1056	68	418.97	2980	1860	820
36	1140	48	459.35	3000	1960	1040

Quadro 4.13: Análise da água utilizada para a cura do betão de tipo M-25

%	Alcalinidad	Dureza	Cloretos	TS	TDS	SS

Lamas	e (mg/L)	(mg/L)	(mg/L)	(mg/L)	(mg/L)	(mg/L)
0	468	36	252.30	2040	1680	360
4	528	36	277.60	2120	1420	700
8	584	32	292.70	3220	2760	460
12	824	44	328.10	3640	3080	560
16	980	36	348.20	3820	3440	380
20	1008	40	358.30	4140	3040	1100
24	1068	44	388.60	4200	2920	1280
28	1392	48	408.80	4240	3200	1040
32	1436	44	429.00	4520	3070	1450
36	1444	40	459.30	4960	3260	1700

Quadro 4.14: Análise da água utilizada para a cura do betão de tipo M-30

% Lamas	Alcalinidade (mg/L)	Dureza (mg/L)	Cloretos (mg/L)	TS (mg/L)	TDS (mg/L)	SS (mg/L)
0	340	44	297.82	560	60	500
4	320	60	307.92	1380	160	1220
8	472	36	312.96	1580	580	1000
12	760	44	343.25	1800	660	1140
16	924	44	363.44	1820	840	980
20	840	64	373.54	1940	920	1020
24	1320	32	424.01	1980	1000	980
28	1268	32	429.06	2000	1280	720
32	1592	40	439.16	2320	1460	860
36	1620	40	464.39	2680	1500	1180

Os resultados mostraram que a alcalinidade, os sólidos totais e a concentração de cloretos aumentaram de 340 para 1620 mg/L, de 560 para 4960 mg/L e de 252 para 464 mg/L, respetivamente, com um aumento do teor de lamas para diferentes tipos de betão. O aumento da alcalinidade deveu-se ao elevado teor de CaO (22,99%) nas lamas da fábrica de têxteis. O aumento da alcalinidade pode ter causado o desenvolvimento de fissuras no betão. O aumento da concentração de cloretos deveu-se possivelmente ao elevado teor de cloretos das lamas da fábrica de têxteis. A presença de cloretos pode corroer as armaduras. Por cada 4% de aumento de lamas, a taxa de aumento da concentração de cloretos foi menor para cada tipo de betão. Devido ao aumento da percentagem de lamas, a quantidade de sólidos totais na água utilizada para a cura também aumentou; isto deveu-se ao desenvolvimento de mais canais de sangria na superfície através dos quais estes sólidos são lixiviados. Os resultados da água utilizada para a cura podem ser utilizados para avaliar a necessidade de efetuar ensaios de durabilidade. Os resultados sugerem uma maior lixiviação com um maior teor de lamas e, por conseguinte, a necessidade de mais estudos de durabilidade.

4.7.6 Monitorização da Condutividade Eléctrica (CE) e dos Sólidos Totais Dissolvidos (TDS) da água utilizada para a cura

Para estudar o efeito da adição de lamas no betão, a água utilizada para a cura foi também monitorizada diariamente quanto às variações de CE e TDS. As Fig. 4.37 a 4.42 mostram as variações de CE e TDS para os graus de betão M20, M25 e M30, respetivamente.

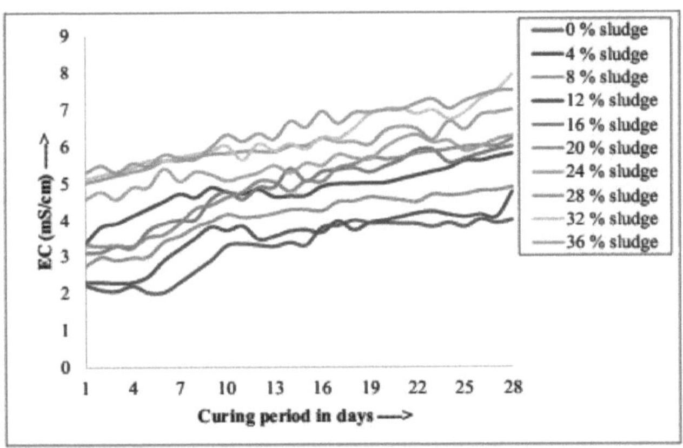

Fig. 4.37: Variação da condutividade eléctrica na água utilizada para a cura
correspondente ao betão de grau M20

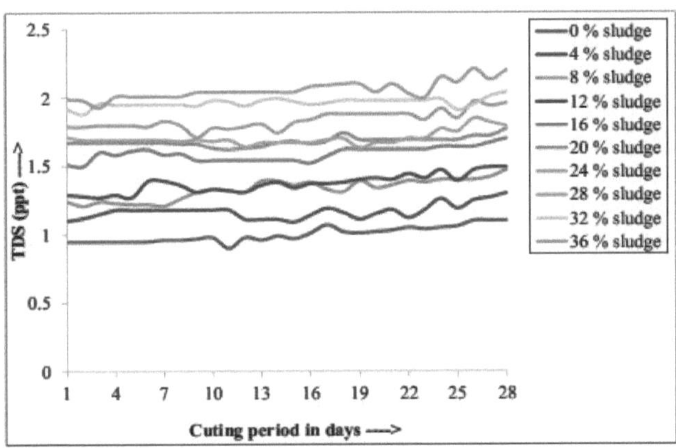

Fig. 4.38: Variação de TDS na água utilizada para a cura correspondente ao betão de
grau M20

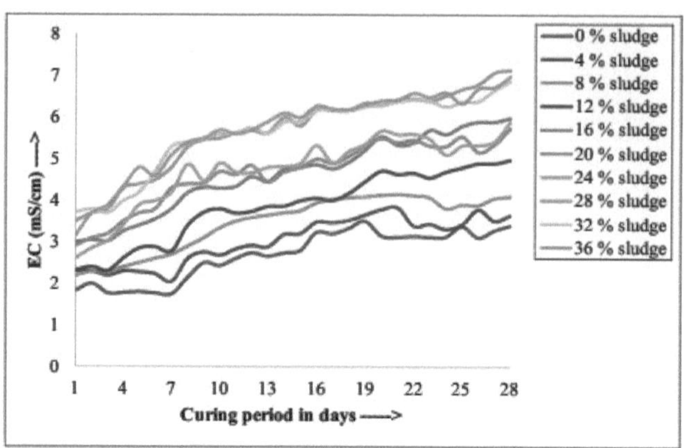

Fig. 4.39: Variação da CE na água utilizada para a cura correspondente ao grau M25 do betão

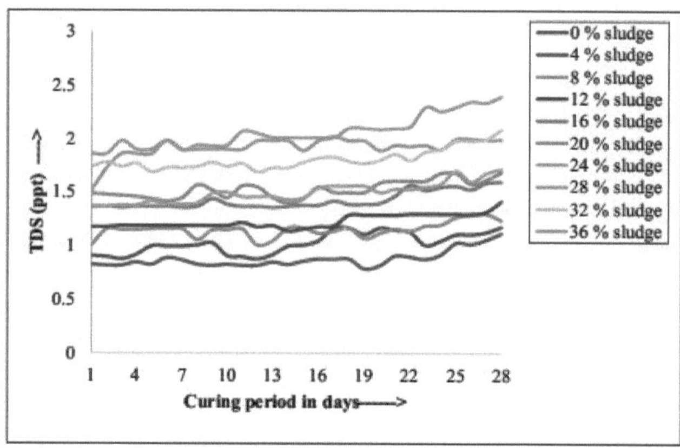

Fig. 4.40: Variação dos TDS na água utilizada para a cura correspondente ao betão de grau M25

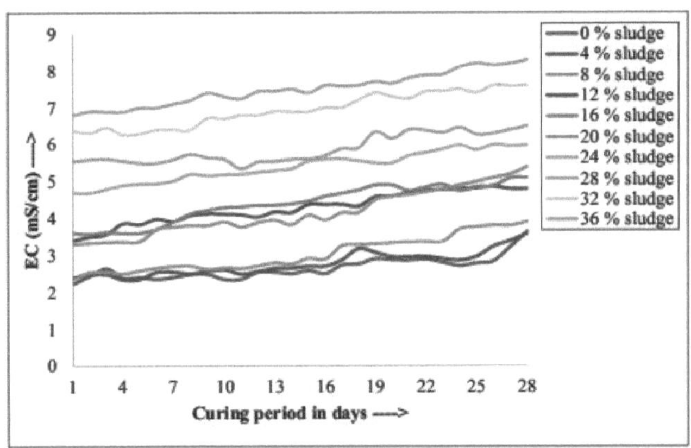

Fig. 4.41: Variação da CE na água utilizada para a cura correspondente ao grau M30 do betão

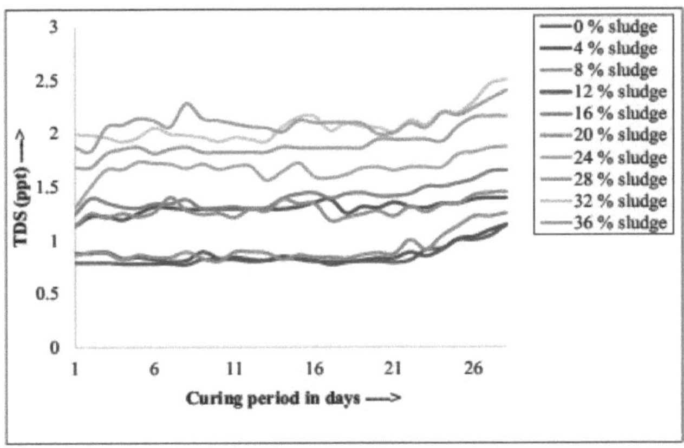

Fig. 4.42: Variação dos TDS na água utilizada para a cura correspondente ao betão do tipo M30

Os gráficos de variação da CE e dos TDS mostraram que, à medida que o teor de lamas no betão aumentava, a CE aumentava gradualmente e os TDS aumentavam marginalmente durante o período de cura para todos os tipos de betão (M20, M25 e M30). Este aumento da CE e dos SDT em relação ao aumento do teor de lamas em todos os tipos de betão pode ser atribuído aos compostos orgânicos e inorgânicos presentes nas lamas. Isto fez com que os sólidos dissolvidos fossem lixiviados das misturas de betão endurecidas. No entanto, verificou-se que os valores de CE e TDS eram mais elevados no primeiro dia para todas as proporções de lamas nos graus de betão M20, M25 e M30. Não havia nenhuma razão aparente para esta variação.

4.7.7 Análise elementar da água utilizada para a cura

Era necessário verificar a presença de metais pesados na água utilizada para a cura do ponto de vista do impacto ambiental. Por conseguinte, a análise elementar da água utilizada para a cura foi efectuada utilizando um microscópio eletrónico de varrimento. As Fig. 4.43 a 4.45

mostram a presença de metais pesados relativamente a várias proporções de lamas no betão. A análise da água utilizada para a cura confirmou a ausência de mercúrio, cádmio e chumbo. Por outro lado, metais como o cobalto, o níquel, o cobre, o zinco e o crómio estavam presentes em pequenas quantidades, ou seja, menos de 1%.

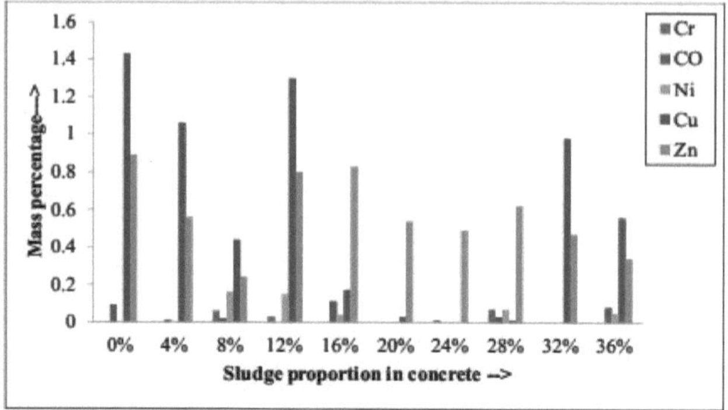

Fig. 4.43: Análise da água utilizada para a cura correspondente ao betão de grau M20

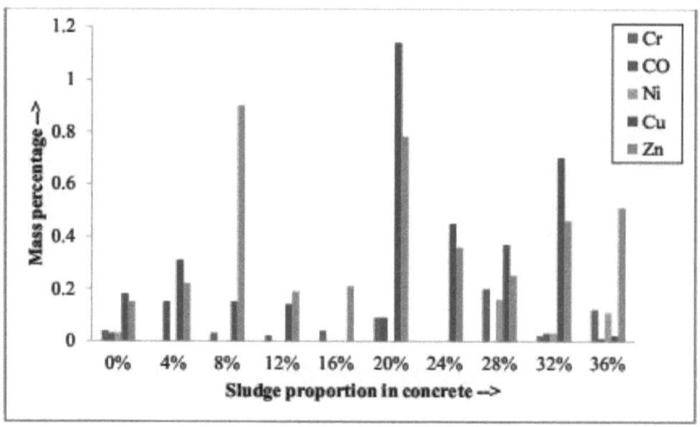

Fig. 4.44: Análise da água utilizada para a cura correspondente ao betão de grau M25

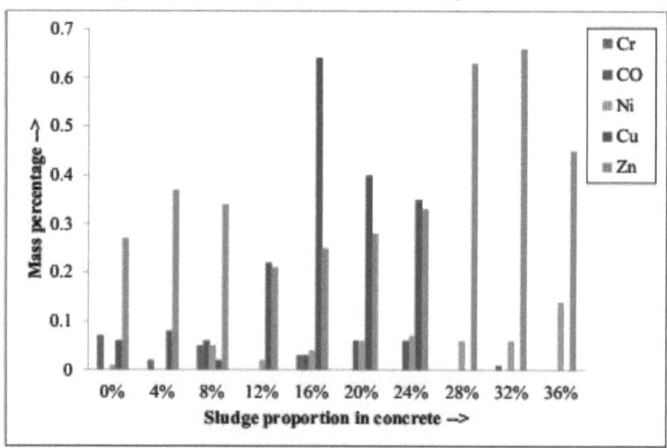

Fig. 4.45: Análise da água utilizada para a cura correspondente ao betão do tipo M30

80

4.7.8 Efeito do ambiente ácido no betão alterado por lamas

A adequação do betão adicionado de lamas num ambiente ácido pode ser verificada expondo-o a condições ambientais ácidas, como a cura ácida. Por isso, os blocos de betão foram mantidos em água ácida durante um ano. As Fig. 4.46 a 4.48 mostram a comparação da resistência à compressão aos 28 dias e da resistência à compressão aos 365 dias com a cura em água ácida.

Observou-se que houve um ligeiro aumento da resistência à compressão dos blocos de betão de todas as classes após a cura em água ácida de pH 5. Além disso, havia sinais de eflorescência na superfície dos cubos à medida que a percentagem de lamas aumentava.

O tempo afecta a hidratação da seguinte forma: quanto maior for o período de tempo durante o qual a reação continua, maior será a quantidade de produtos de hidratação e, consequentemente, maior será a resistência do betão. Desde que seja fornecida uma quantidade suficiente de água para a cura, a hidratação do cimento e o ganho de resistência do betão continuarão (Newbolt e Olek, 2001). Após 365 dias, o betão ganha resistência à compressão 1,27 vezes em comparação com 28 dias de cura (Hassoun e Al-Manaseer, 2008). Se a cura for continuada durante 365 dias, a resistência à compressão aumenta 1,5 a 1,6 vezes em comparação com a resistência aos 28 dias (Gonnerman e Shuman, 1928).

Neste caso, verificou-se que o ganho de resistência do betão adicionado com lamas não está à altura da literatura acima referida. Este facto pode dever-se à dissolução do hidróxido de cálcio na água ácida. O desempenho do betão em condições ácidas depende da porosidade da pasta de cimento, da concentração do ácido, da solubilidade do ácido, dos sais de cálcio (CaX_2) e do transporte de fluidos através do betão. Os sais de cálcio insolúveis podem precipitar nos vazios e retardar o ataque (Concrete experts, 2008).

No entanto, é importante notar que serão necessários ensaios como a permeabilidade e a sorptividade, a carbonatação, o ataque por cloretos e o ataque por sulfatos para avaliar a durabilidade do betão com lamas.

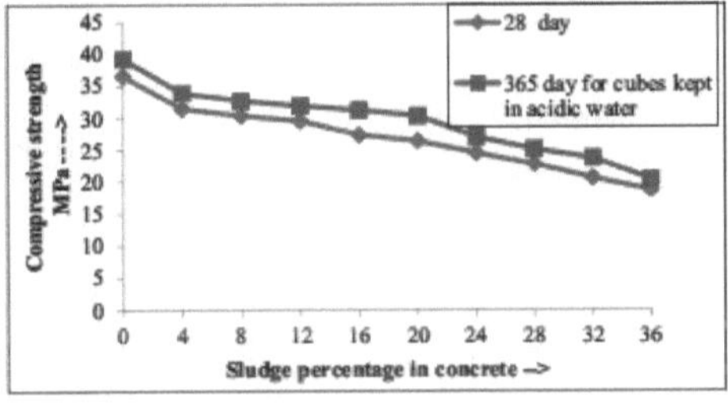

Fig. 4.46: Comparação das resistências à compressão para o betão do tipo M20

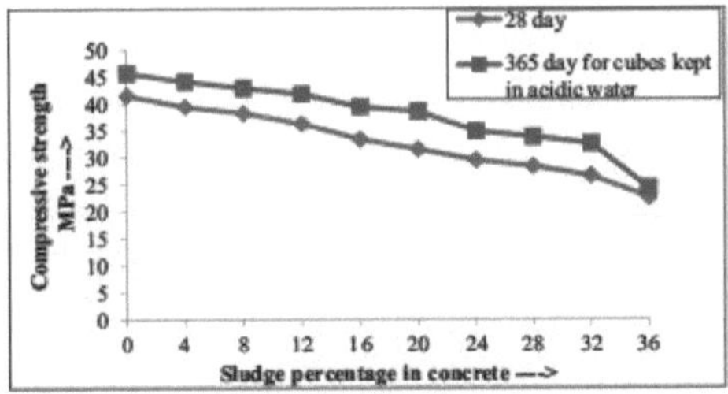

Fig. 4.47: Comparação da resistência à compressão para o betão de grau M25

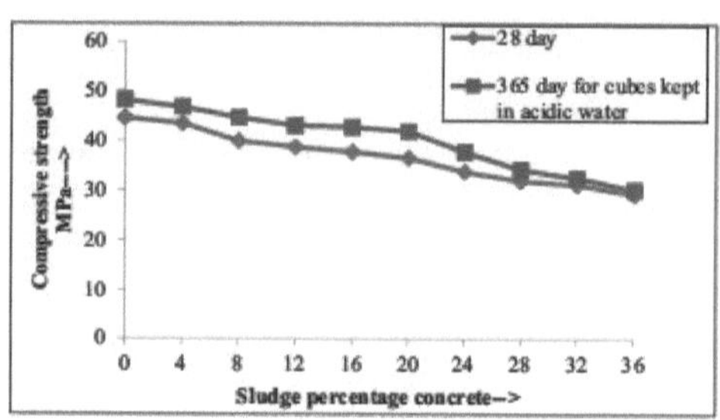

Fig. 4.48: Comparação da resistência à compressão para o grau de betão M30

4.8 REUTILIZAÇÃO DE CINZAS DE LAMAS INCINERADAS DE FÁBRICAS TÊXTEIS COMO ADSORVENTE

As lamas das fábricas de têxteis são constituídas por 30 a 40% de matéria orgânica. Por conseguinte, têm potencial para serem convertidas em carvão ativado se forem incineradas numa mufla. Esta conversão pode oferecer duas vantagens: em primeiro lugar, a redução do volume de lamas e, em segundo lugar, a produção de um adsorvente valioso a um custo inferior ao do carvão ativado comercial. Por conseguinte, as lamas da fábrica têxtil foram incineradas e utilizadas sem qualquer ativação química, a fim de eliminar custos adicionais.

4.8.1 Estrutura química e comprimento de onda ótimo dos corantes

O conhecimento da estrutura química e a determinação do comprimento de onda ótimo são dois elementos básicos para qualquer estudo de adsorção que envolva corantes. A estrutura química e o comprimento de onda ótimo para o azul Remazol, o amarelo Remazol e o vermelho Remazol são apresentados na tabela 4.15. Os comprimentos de onda óptimos obtidos foram utilizados nos estudos de adsorção.

Tabela 4.15: Estrutura química e comprimentos de onda óptimos dos corantes

Sr. Não.	Tipo de corante	Comprimento de onda ótimo em nm	Estrutura química do corante*
1	Remazol azul RGB	600	
2	Remazol amarelo RGB	400	
Sr. Não.	Tipo de corante	Comprimento de onda ótimo em nm	Estrutura química do corante*

3	Remazol vermelho RGB	520	

4.8.2 Determinação do pH ótimo durante o estudo de remoção de corante

O comportamento de adsorção de um adsorvente é função do seu pH e da concentração iónica da solução. Por conseguinte, foi necessário um estudo para determinar o pH ótimo para o estudo de adsorção. O pH ótimo foi determinado para cada tipo de corante, de modo a obter a máxima remoção do corante.

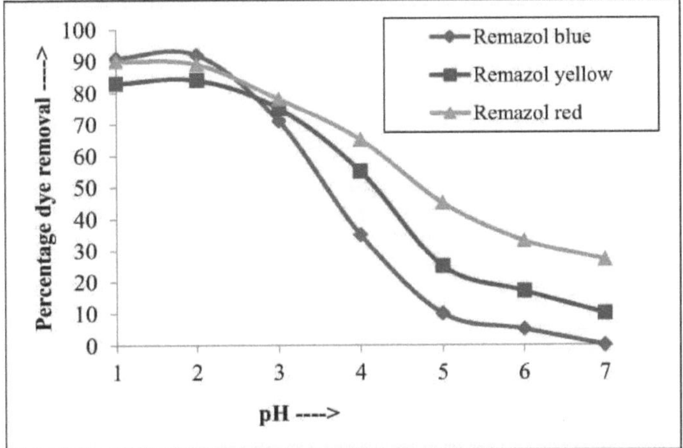

Fig. 4.49: Determinação do pH ótimo para a remoção do corante

A Fig. 4.49 mostra a percentagem de remoção de corante em relação ao pH numa dose aleatória de adsorvente de 4gm/L dada a uma concentração de corante de 10 mg/L cada para o azul Remazol, amarelo Remazol e vermelho Remazol. O perfil acima mostra que a remoção do corante é máxima na gama de pH 1-2. Geralmente, desenvolve-se uma carga positiva na superfície do adsorvente num meio ácido (Lee et al., 1996). Por esta razão, a remoção ocorre na gama ácida. Na gama de pH ácido, verificou-se um aumento da carga positiva da superfície, o que atraiu os grupos funcionais de carga negativa presentes no corante. Em qualquer sistema adsorvente-adsorvato, o pH do sistema afecta a natureza da carga superficial do adsorvente. A remoção do corante é máxima a pH 1 e 2; por conseguinte, utiliza-se um valor de pH de 2,0 como pH ótimo para todos os ensaios de adsorção subsequentes.

4.8.3 Efeito do tempo e da concentração da solução de corante na remoção do corante

Para descobrir o efeito do tempo na remoção do corante e para encontrar o tempo de equilíbrio das reacções de adsorção, foram realizados diferentes ensaios. As Figs. 4.50 a 4.54 mostram as variações na remoção de corante para concentrações iniciais de corante de 10 mg/L, 20 mg/L, 30 mg/L, 40 mg/L e 50 mg/L para dosagens de adsorvente de 1 gm/L a 5 gm/L, respetivamente. A percentagem de remoção do corante foi máxima para cada uma das combinações de concentrações de corante (10, 20, 30, 40 e 50 mg/L) e de dosagens de adsorvente (1, 2, 3, 4 e 5 gm/L) após os primeiros 15 minutos, devido à disponibilidade de mais sítios de adsorção na superfície das cinzas de lamas incineradas. Após 15 minutos, a adsorção dos corantes aumentou lentamente.

A absorção do corante aumentou com o aumento da dose de adsorvente para cada tipo de concentração de corante. Isto deveu-se a um aumento da disponibilidade de sítios de adsorção com o aumento da dose de adsorvente para a mesma concentração de corante. Em concentrações mais baixas, existem sítios activos suficientes que o adsorvente pode facilmente ocupar. No entanto, em concentrações mais elevadas, o adsorvente não tinha sítios activos disponíveis para ocupar, pelo que havia uma certa percentagem de corante não adsorvido na solução devido à saturação dos sítios de ligação.

A percentagem de remoção dos corantes diminuiu com o aumento da concentração inicial e demorou mais tempo a atingir o equilíbrio, devido ao facto de, quando a concentração do corante aumenta, haver uma maior competição pelos locais de adsorção activos, uma forte ligação química do adsorvato e o processo de adsorção abrandar cada vez mais. Uma tendência semelhante foi registada para a adsorção de corantes como o Reactive Red 241 num carvão ativado comercial por Orfaco et al., (2006).

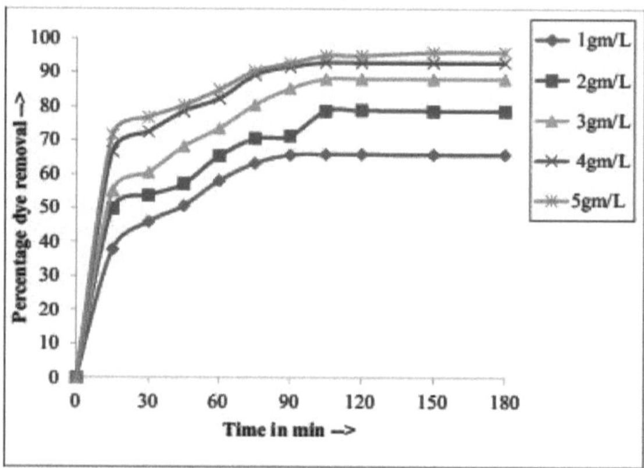

Fig. 4.50: Variação da percentagem de remoção de corante para uma concentração de corante de 10 mg/L

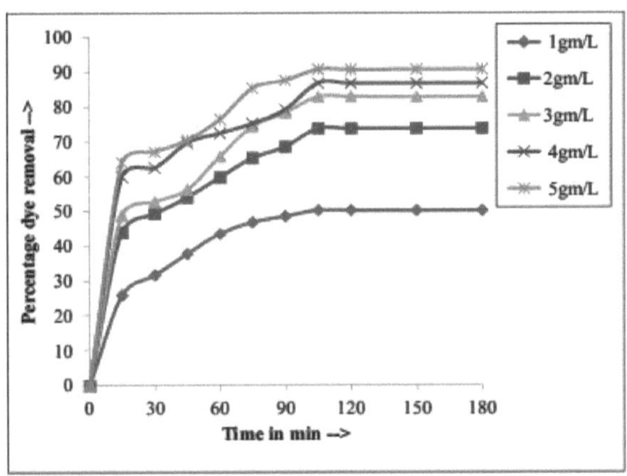

Fig.4. 51: Variação da percentagem de remoção de corante para uma concentração de corante de 20 mg/L

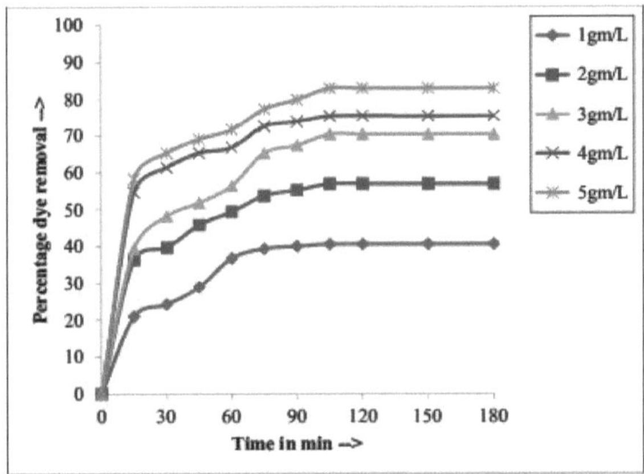

Fig. 4.52: Variação da percentagem de remoção de corante para uma concentração de corante de 30 mg/L

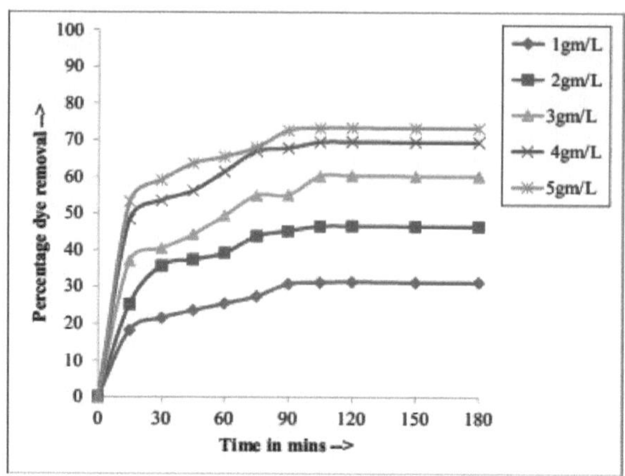

Fig. 4.53: Variação da percentagem de remoção de corante para uma concentração de corante de 40 mg/L

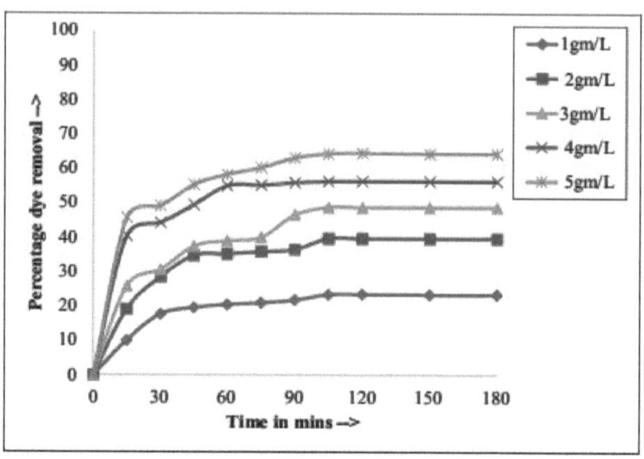

Fig. 4.54: Variação da percentagem de remoção de corante para uma concentração de corante de 50 mg/L

A adsorção continuará até que seja estabelecido o equilíbrio entre a substância (corante, neste caso) em solução e a mesma substância no estado adsorvido. É de notar que quando as curvas passam de aproximadamente lineares para um patamar constante, isso indica que o equilíbrio foi atingido. Verificou-se um aumento mais lento na remoção do corante após 15 minutos e o equilíbrio foi atingido após 105 minutos. Os resultados indicaram que a adsorção de corantes aumentou com o aumento do tempo de agitação e atingiu um valor constante quando o equilíbrio foi estabelecido. Esta tendência também foi observada para os restantes dois tipos de corantes (Remazol amarelo, RGB e Remazol vermelho RGB). Um aumento na concentração do corante reduziu a percentagem de remoção do corante para a mesma dose de adsorvente. Isto pode dever-se a uma maior competição pelos locais activos de adsorção e, assim, o processo de adsorção abranda à medida que o tempo avança. Foram registadas tendências semelhantes nos resultados para todas as concentrações de corante do amarelo

Remazol e do vermelho Remazol, respetivamente. O tempo de equilíbrio registado para o amarelo Remazol e o vermelho Remazol foi de 120 minutos e 105 minutos, respetivamente. O tempo de equilíbrio registado pode ajudar na conceção de reactores de adsorção à escala piloto.

4.8.4 Isotérmicas de adsorção

Uma isotérmica de adsorção é a relação entre o adsorbato na fase líquida e o adsorbato adsorvido na superfície do adsorvente em equilíbrio a uma temperatura constante. A quantidade de material adsorvido pode ser analisada por uma função, conhecida como isotérmica de adsorção. As isotérmicas de adsorção ou conhecidas como dados de equilíbrio, são os requisitos fundamentais para a conceção de sistemas de adsorção. Regra geral, os dados de equilíbrio sobre a adsorção de corantes são obtidos a partir de estudos descontínuos, que podem ser representados por modelos de isotérmicas como os desenvolvidos por Langmuir e Freundlich. A isotérmica de adsorção de equilíbrio é muito importante para a conceção dos sistemas de adsorção.

O projeto e a aplicação de processos de tratamento de efluentes baseados na separação por adsorção dependem das capacidades de remoção de corantes dos adsorventes utilizados. A quantidade de corante que pode ser absorvida pelas cinzas das lamas é função tanto da caraterística como da concentração do adsorvente. Assim, para analisar a extensão da adsorção do corante, foi necessário encontrar diferentes parâmetros das isotérmicas de adsorção de Langmuir (Langmuir, 1918) e Freundlich (Freundlich, 1906). A isotérmica de adsorção indica como as moléculas adsorvidas se distribuem entre a fase líquida e a fase sólida quando o processo de adsorção atinge um estado de equilíbrio. As isotérmicas de Freundlich e Langmuir são normalmente utilizadas na adsorção para compreender a extensão e o grau de favorabilidade da adsorção.

A aplicabilidade dos modelos de isoterma ao estudo de adsorção foi comparada através da avaliação dos coeficientes de correlação, ou valores de R^2.

4.8.4.1 Parâmetros das isotérmicas de Langmuir e Freundlich

Os resultados dos parâmetros determinados para as isotérmicas de Langmuir e Freundlich são apresentados nas tabelas 4.16 a 4.18 para o azul de Remazol, amarelo de Remazol e vermelho de Remazol, respetivamente. Os parâmetros das tabelas acima foram utilizados para verificar as isotérmicas de Langmuir e Freundlich.

Utilizando os dados das tabelas 4.16 a 4.18, foram desenhados os gráficos de 1/Ce e 1/qe para a isotérmica de Langmuir e os gráficos de log $_{Ce}$ e log qe para a isotérmica de Freundlich. Os gráficos típicos são apresentados nas Fig. 4.55 e 4.56.

Tabela 4.16: Cálculo de vários parâmetros para as isotérmicas de Langmuir e Freundlich para o azul de Remazol

Inicial Corante conc. (c_i) in mg/L	Dose de adsorvente em gm/L	% Remoção de corantes	C_e em mg/L	$q_e = ((V/W)*(c_i-c_e))$	log C_e	log q_e	1/Ce	1/qe
10	1	65.90	3.41	6.59	0.53	0.81	0.29	0.15
10	2	78.70	2.13	3.935	0.32	0.59	0.46	0.25
10	3	88.10	1.19	2.93	0.07	0.46	0.84	0.34
10	4	92.89	0.71	2.322	-0.14	0.36	1.40	0.43
10	5	94.90	0.51	1.89	-0.292	0.27	1.96	0.52
20	1	50.28	9.94	10.05	0.99	1.00	0.10	0.09
20	2	73.77	5.24	7.37	0.72	0.86	0.19	0.13

Concentração inicial de corante (c_i) em mg/L	Dose de adsorvente em gm/L	% Remoção de corantes	c_e em mg/L	qe = ((V/W)*(c_i-c_e))	log c_e	log qe	1/c_e	1/qe
20	3	82.44	3.51	5.496	0.54	0.74	0.28	0.18
20	4	86.77	2.64	4.33	0.42	0.63	0.37	0.23
20	5	90.80	1.84	3.632	0.26	0.56	0.54	0.27
30	1	40.56	17.83	12.16	1.25	1.08	0.05	0.08
30	2	56.90	12.93	8.53	1.11	0.93	0.07	0.11
30	3	70.33	8.90	7.03	0.94	0.84	0.11	0.14
30	4	75.32	7.40	5.64	0.86	0.75	0.13	0.17
30	5	82.89	5.13	4.97	0.71	0.69	0.19	0.20
40	1	31.2	27.52	12.48	1.44	1.09	0.03	0.08
40	2	46.5	21.4	9.30	1.33	0.96	0.04	0.10
40	3	60.2	15.92	8.02	1.20	0.90	0.06	0.12
40	4	69.4	12.24	6.94	1.08	0.84	0.08	0.14
40	5	73.2	10.72	5.85	1.03	0.76	0.09	0.17
50	1	23.7	38.15	11.8	1.58	1.07	0.02	0.08
50	2	39.7	30.15	9.92	1.47	0.99	0.03	0.10
50	3	48.7	25.65	8.11	1.40	0.90	0.03	0.13
50	4	56.2	21.90	7.02	1.34	0.84	0.04	0.14
50	5	64.8	17.60	6.48	1.24	0.81	0.05	0.15

Tabela 4.17: Cálculo de vários parâmetros para as isotérmicas de Langmuir e Freundlich para o amarelo de Remazol

Concentração inicial de corante (c_i) em mg/L	Dose de adsorvente em gm/L	% Remoção de corantes	c_e em mg/L	qe = ((V/W)*(c_i-c_e))	log c_e	log qe	1/c_e	1/qe
10	1	54.0	4.60	5.40	0.66	0.73	0.21	0.18
10	2	64.0	3.60	3.20	0.55	0.50	0.27	0.31
10	3	73.6	2.640	2.45	0.42	0.39	0.37	0.40
10	4	83.0	1.70	2.07	0.23	0.31	0.58	0.48
10	5	87.0	1.30	1.74	0.11	0.24	0.76	0.57
20	1	45.0	11.00	9.00	1.04	0.95	0.09	0.11
20	2	57.0	8.60	5.70	0.93	0.75	0.11	0.17
20	3	67.0	6.60	4.46	0.82	0.65	0.15	0.22
20	4	78.0	4.40	3.90	0.64	0.59	0.22	0.25
20	5	82.5	3.50	3.30	0.54	0.51	0.28	0.30
30	1	39.0	18.30	11.70	1.26	1.06	0.05	0.08
30	2	55.0	13.5	8.25	1.13	0.91	0.07	0.12
30	3	69.0	9.3	6.90	0.96	0.83	0.10	0.14
30	4	74.0	7.8	5.55	0.89	0.74	0.12	0.18
30	5	81.0	5.7	4.86	0.75	0.68	0.17	0.20
40	1	30.4	27.84	12.16	1.44	1.08	0.03	0.08
40	2	44.9	22.04	8.98	1.34	0.95	0.04	0.11
40	3	53.8	18.48	7.17	1.26	0.85	0.05	0.13
40	4	63.5	14.60	6.35	1.16	0.80	0.06	0.15
40	5	71.6	11.36	5.72	1.05	0.758	0.08	0.17
50	1	26.4	36.80	13.20	1.56	1.12	0.02	0.07
50	2	42.0	29.00	10.50	1.46	1.02	0.03	0.09
50	3	51.0	24.50	8.50	1.38	0.92	0.04	0.11
50	4	61.0	19.50	7.62	1.29	0.88	0.05	0.13
50	5	68.0	16.00	6.80	1.20	0.83	0.06	0.14

Tabela 4.18: Cálculo de vários parâmetros para Langmuir e Freundlich Isotérmicas para Remazol Red

Concentração inicial de corante (c_i) em mg/L	Dose de adsorvente em gm/L	% Remoção de corantes	c_e em mg/L	qe = ((V/W)*(c_i-c_e))	log c_e	log qe	1/c_e	1/qe
10	1	61.0	3.90	6.10	0.59	0.78	0.25	0.16

10	2	75.0	2.50	3.75	0.39	0.57	0.40	0.26
10	3	85.0	1.50	2.83	0.17	0.45	0.66	0.353
10	4	89.0	1.10	2.22	0.04	0.347	0.90	0.44
10	**5**	**93.0**	**0.70**	**1.86**	**-0.15**	**0.27**	**1.42**	**0.53**
20	1	55.0	9.00	11.00	0.95	1.04	0.11	0.09
20	2	69.5	6.10	6.95	0.78	0.84	0.16	0.14
20	3	80.5	3.90	5.36	0.59	0.73	0.25	0.18
20	4	83.9	3.22	4.19	0.50	0.62	0.31	0.23
20	**5**	**89.9**	**2.02**	**3.59**	**0.30**	**0.55**	**0.49**	**0.27**
30	1	44.0	16.8	13.20	1.22	1.12	0.06	0.07
30	2	60.0	12.00	9.00	1.07	0.95	0.08	0.11
30	3	76.3	7.11	7.63	0.85	0.88	0.14	0.13
30	4	81.8	5.46	6.13	0.73	0.78	0.18	0.16
30	**5**	**84.4**	**4.68**	**5.06**	**0.67**	**0.70**	**0.21**	**0.19**
40	1	39.0	24.4	15.60	1.38	1.19	0.04	0.06
40	2	52.0	19.20	10.40	1.28	1.01	0.05	0.09
40	3	63.0	14.80	8.40	1.17	0.92	0.06	0.11
40	4	75.0	10.00	7.50	1.00	0.87	0.10	0.13
40	**5**	**78.0**	**8.80**	**6.24**	**0.94**	**0.79**	**0.11**	**0.16**
50	1	30.0	35.00	15.00	1.54	1.17	0.02	0.06
50	2	46.0	27.00	11.50	1.43	1.06	0.03	0.08
50	3	57.0	21.50	9.50	1.33	0.97	0.04	0.10
50	4	65.0	17.50	8.12	1.24	0.91	0.05	0.12
50	**5**	**72.0**	**14.00**	**7.20**	**1.14**	**0.85**	**0.07**	**0.13**

4.8.4.2 Isotérmica de Langmuir

Os vários parâmetros das isotérmicas de Langmuir para o azul de Remazol, amarelo de Remazol e vermelho de Remazol, respetivamente, são apresentados nas tabelas 4.19 a 4.21.

Tabela 4.19: Parâmetros da isotérmica de Langmuir para o azul de Remazol

Corante conc. em mg/L	$1/q_e = (1/bqm)(1/Ce) + (1/qm)$	1/qm	1/bqm	qm	b	r^2	RL
10	$1/q_e = 0{,}208\,(1/Ce) + 0{,}133$	0.133	0.208	7.519	0.639	0.958	0.135
20	$1/q_e = 0{,}409\,(1/Ce) + 0{,}061$	0.061	0.409	16.393	0.149	0.984	0.251
30	$1/q_e = 0{,}846\,(1/Ce) + 0{,}046$	0.046	0.846	21.739	0.054	0.939	0.380
40	$1/q_e = 1{,}44\,(1/Ce) + 0{,}033$	0.033	1.440	30.303	0.023	0.971	0.521
50	$1/q_e = 2{,}392\,(1/Ce) + 0{,}024$	0.024	2.392	41.667	0.010	0.952	0.665

Tabela 4.20: Parâmetros da isoterma de Langmuir para o amarelo de Remazol

Corante conc. em mg/L	$1/q_e = (1/bqm)(1/Ce) + (1/qm)$	1/qm	1/bqm	qm	b	r^2	RL
10	$1/q_e = 0{,}626\,(1/Ce) + 0{,}112$	0.112	0.626	8.929	0.179	0.907	0.358
20	$1/q_e = 0.873\,(1/Ce) + 0.061$	0.061	0.873	16.393	0.070	0.907	0.417
30	$1/q_e = 0.981\,(1/Ce) + 0.041$	0.041	0.981	24.390	0.042	0.958	0.443
40	$1/q_e = 1{,}178\,(1/Ce) + 0{,}032$	0.032	1.718	31.250	0.019	0.912	0.573
50	$1/q_e = 1{,}989\,(1/Ce) + 0{,}027$	0.027	2.595	37.037	0.010	0.956	0.657

Quadro 4.21: Parâmetros da isotérmica de Langmuir para o vermelho de Remazol

Corante conc. em mg/L	$1/qe = (1/bqm)(1/Ce) + (1/qm)$	1/qm	1/bqm	qm	b	r^2	RL
10	$1/qe = 0,308 (1/Ce) + 0,128$	0.128	0.308	7.813	0.416	0.94	0.940
20	$1/qe = 0,477 (1/Ce) + 0,059$	0.059	0.477	16.949	0.124	0.91	0.919
30	$1/qe = 0.706(1/Ce) + 0.039$	0.039	0.706	25.641	0.055	0.96	0.376
40	$1/qe = 1,125(1/Ce) + 0,03$	0.030	1.125	33.333	0.027	0.91	0.484
50	$1/qe = 2,373(1/Ce) + 0,003$	0.023	1.679	43.478	0.014	0.97	0.593

Os dados experimentais ajustaram-se bem à isotérmica de adsorção de Langmuir tipo II. A
Na Fig. 4.55 é apresentado um gráfico típico para facilitar as interpretações.

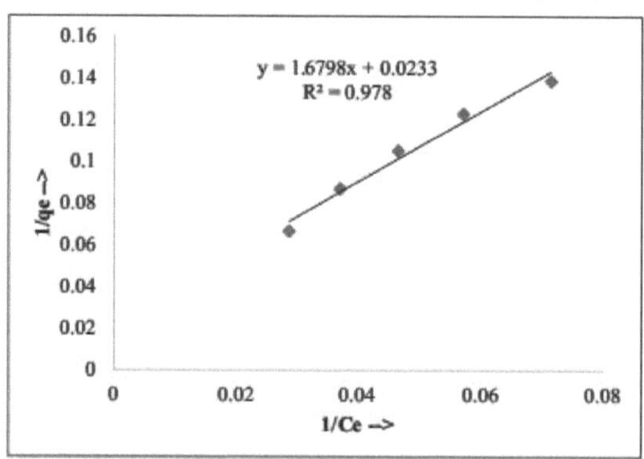

Fig. 4.55 Gráfico da isotérmica de Langmuir (Remazol red -50 mg/L)

Os valores do coeficiente de correlação foram superiores a 0,9 e próximos da unidade, indicando uma variação linear. Na isotérmica de Langmuir, a natureza favorável da adsorção pode ser expressa em termos do parâmetro de equilíbrio sem dimensão como RL.

As caraterísticas essenciais da isotérmica de Langmuir podem ser expressas em termos do fator de separação constante sem dimensão para o parâmetro de equilíbrio, RL (Hall et al., 1966), que é dado por

$$RL = 1/(1 + b. c_0) \qquad (4.1)$$

Os valores de RL indicam o tipo de isoterma a ser irreversível (RL igual a zero), favorável (RL maior que zero mas menor que 1), linear (RL igual a 1) ou desfavorável (RL maior que 1). O parâmetro adimensional RL foi inferior à unidade, o que indica que houve uma adsorção favorável. As possíveis razões para a adsorção favorável foram uma área de superfície específica mais elevada das cinzas de lamas incineradas e a sua natureza porosa. A alteração do pH também afectou o processo de adsorção através da dissociação de grupos funcionais nos locais activos da superfície do adsorvente (Mall et al., 2006).

4.8.4.3 Isotérmica de Freundlich

Os vários parâmetros das isotérmicas de Freundlich para o Remazol azul, amarelo e vermelho, respetivamente, são apresentados nas tabelas 4.22 a 4.24.

Tabela 4.22: Parâmetros da isotérmica de Freundlich para o azul de Remazol

Corante	$\log qe = \log Kf + 1/n(\log Ce)$	$\log(Kf)$	1/n	Kf	n	r^2

conc. em mg/L						
10	log qe = 0,616 + 0,44 log Ce	0.616	0.440	1.852	2.273	0.968
20	log qe = 0,392 + 0,625log Ce	0.392	0.625	1.480	1.600	0.990
30	log qe = 0,160 + 0,717 log Ce	0.160	0.717	1.174	1.395	0.965
40	log qe = 0,024 +0,731log Ce	0.024	0.731	1.024	1.368	0.972
50	log qe = -0,237 +0,825 log Ce	-0.237	0.825	0.789	1.212	0.969

Tabela 4.23: Parâmetros da isotérmica de Freundlich para o amarelo de Remazol

Corante conc. em mg/L	log qe = logKf + 1/n(logCe)	log(Kf)	1/n	Kf	n	r^2
10	log qe = 0,119 + 0,801 log	0.119	0.801	1.126	1.248	0.900
20	log qe = 0,066 + 0,787log Ce	0.066	0.787	1.068	1.271	0.900
30	log qe = 0,105 + 0,743 log	0.105	0.743	1.111	1.346	0.971
40	log qe = -0,151 +0,830log Ce	-0.151	0.830	0.860	1.205	0.930
50	log qe = -0,143 +0,796log Ce	-0.143	0.796	0.867	1.256	0.967

Tabela 4.24: Parâmetros da isotérmica de Freundlich para o vermelho de Remazol

Corante conc. em mg/L	log qe = logKf + 1/n(logCe)	log(Kf)	1/n	Kf	n	r^2
10	log qe = 0,342 + 0,682 log Ce	1.053	0.682	2.866	1.466	0.970
20	log qe = 0,287 + 0,749log Ce	0.287	0.749	1.332	1.335	0.957
30	log qe =-0,280 +0,668 log Ce	0.280	0.668	1.323	1.497	0.955
40	log qe = 0,055 +0,782log Ce	0.055	0.782	1.057	1.279	0.913
50	log qe =-0,08 +0,804 log Ce	-0.080	0.804	0.923	1.244	0.972

Para os três tipos de corantes, os dados experimentais ajustam-se bem à isoterma de adsorção de Freundlich. Os valores do coeficiente de correlação são superiores a 0,9 e próximos da unidade. Na Fig. 4.56 é apresentado um gráfico típico para facilitar a interpretação.

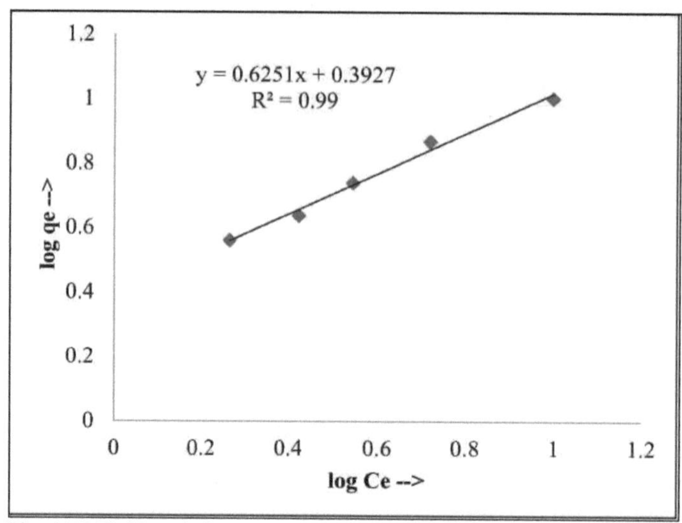

Fig. 4.56 Gráfico da isoterma de Freundlich (Remazol blue-20 mg/L)

Na isotérmica de Freundlich, a magnitude do expoente "n" dá uma indicação sobre a favorabilidade da adsorção. Em geral, afirma-se que os valores de n no intervalo 1-10 representam caraterísticas de adsorção boas, 1-2 moderadas e menos de 1 pobres (Treyball, 1980). O valor da constante de Freundlich "n" é superior à unidade, o que indica uma adsorção favorável e moderada. A adsorção favorável deve-se principalmente à natureza porosa e à maior área de superfície específica do adsorvente. A alteração do pH também afectou o processo de adsorção através da dissociação dos grupos funcionais presentes nos corantes nos locais activos da superfície das partículas de cinzas de lamas incineradas (Mall et al., 2006).

O valor de Kf está relacionado com o grau de adsorção. O corante com o maior valor de Kf tem uma afinidade elevada em relação ao adsorvente, em comparação com outros que têm um valor Kf baixo (Iqbal e Ashiq, 2007). Neste estudo, o vermelho Remazol apresentou o valor mais elevado de Kf (ou seja, 2,866), o que significa que tem a maior afinidade com o adsorvente em comparação com todos os outros corantes.

4.8.5 Remoção de CQO correspondente à adsorção de equilíbrio

A Tabela 4.25 apresenta um resumo da remoção da carência química de oxigénio (CQO) no equilíbrio para os três tipos de corantes utilizados no estudo.

Tabela 4.25: Remoção de CQO para corantes em equilíbrio

Concentração do corante	Remazol Azul		Remazol Amarelo		Remazol Vermelho	
	Máx. % de remoção de corante no Equilíbrio	% Max. Remoção de CQO	Máx. % de remoção de corante no Equilíbrio	Máx. % de remoção de CQO	% máxima de remoção de corante no Equilíbrio	Máx. % de remoção de CQO
10mg/L	94.9	90.8	87.0	83.6	93.0	89.5
20 mg/L	90.8	88.8	82.5	78.4	89.9	85.3
30 mg/L	82.9	79.5	81.0	76.3	84.4	75.3
40 mg/L	73.2	71.4	71.6	65.9	78.0	70.0

50 mg/L	64.8	59.4	68.0	61.6	72.0	65.3

Juntamente com a remoção do corante, a remoção da CQO também foi conseguida durante a adsorção. A partir da tabela acima, pode concluir-se que a remoção de CQO foi proporcional à quantidade de remoção de corante. Esta afirmação pode ser apoiada pela Fig. 4.57 que mostra o valor R^2 igual a 0,988.

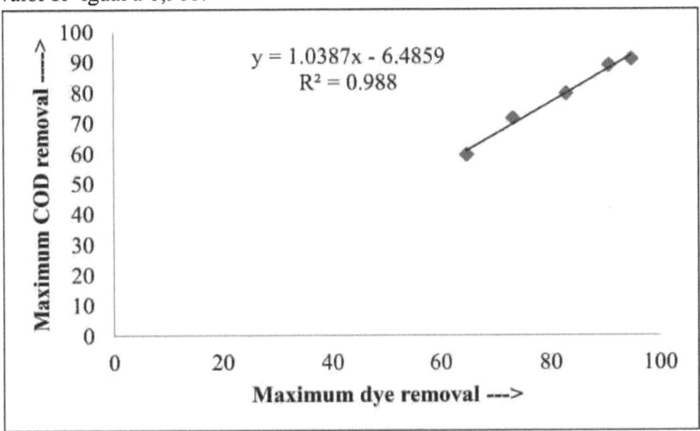

Fig.4.57: Relação linear entre a remoção do corante e da CQO

4.8.6 Imagem de microscópio eletrónico de varrimento (SEM) do adsorvente

Para verificar a adsorção de corantes na superfície das cinzas de lamas, as lamas geradas após terem atingido o equilíbrio foram secas e verificadas em SEM. A Fig. 4.58 mostra uma imagem SEM das cinzas de lamas incineradas após adsorção com uma concentração de 10 mg/L de corante.

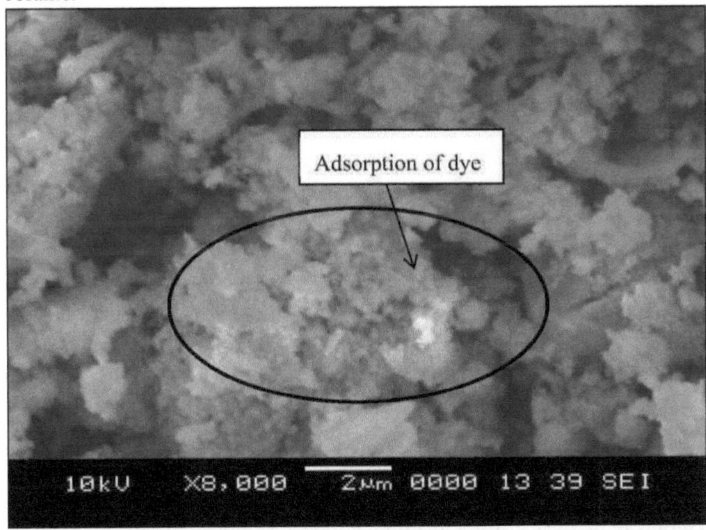

Fig.4.58: Imagem SEM das cinzas de lamas incineradas após adsorção numa solução de corante de 10 mg/L após o equilíbrio

A imagem SEM indicou que a adsorção do corante azul Remazol teve lugar na superfície das cinzas de lamas de fábricas têxteis. Indicou que as cinzas de lamas de fábricas de têxteis actuam como um adsorvente para a remoção de corantes. Por conseguinte, as cinzas de lamas de fábricas têxteis são adequadas para reutilização como adsorvente sem qualquer ativação.

4.9 REUTILIZAÇÃO DE LAMAS DE FÁBRICAS TÊXTEIS COMO COADJUVANTE DE COAGULAÇÃO

As cinzas de lamas secas de fábricas têxteis são insolúveis em água. Por conseguinte, não é possível preparar uma solução coagulante. Para além disso, também não é possível dosear. Isto indica que as cinzas de lamas não podem ser utilizadas diretamente como coagulante. Por conseguinte, decidiu-se experimentar as cinzas de lamas de fábricas têxteis como coagulante em combinação com alúmen para verificar se ajudam no processo de coagulação.

4.9.1 Determinação do pH ótimo para o alúmen

A otimização do pH durante o processo de coagulação é um passo importante num estudo de coagulação. Dosagens óptimas de coagulante a um pH ótimo são críticas para a formação adequada de flocos. Cada coagulante tem uma gama estreita de pH de funcionamento ótimo. O alúmen tem um intervalo de pH de 5,5 - 7. Se o pH for inferior ou superior a este ótimo, podem ocorrer problemas operacionais. Se o pH mantido não for optimizado, serão necessárias doses muito elevadas de alúmen para atingir o pH correto da água doseada. Quando o alúmen é adicionado à solução de amostra, ioniza-se para produzir iões metálicos trivalentes, cuja quantidade depende do pH e da alcalinidade da solução de amostra.

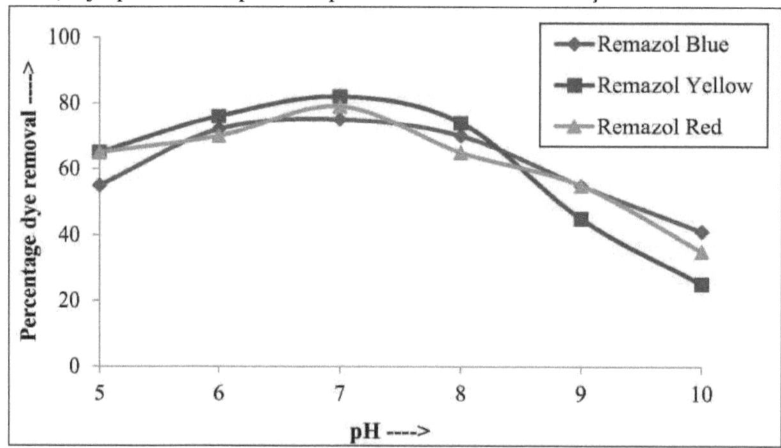

Fig. 4.59: Determinação do pH ótimo para o alúmen

A Fig.4.59 mostra a variação da remoção do corante em função do pH na determinação da dose óptima de alúmen para o azul Remazol, o amarelo Remazol e o vermelho Remazol, respetivamente. A remoção do corante aumentou até ao pH 7, que é o mais elevado neste pH, e depois reduziu-se à medida que o pH aumentou, indicando que o pH ótimo para o alúmen é 7. Todos os estudos foram realizados mantendo este pH ótimo.

4.9.2 Determinação da dose óptima de alúmen para a remoção de corantes

A fim de descobrir a quantidade correta de dose de alúmen correspondente à maior remoção de corante, foram realizados ensaios com doses variáveis de alúmen. A Fig. 4.60 mostra os resultados da determinação da dose óptima de alúmen para uma solução de corante de 10 mg/L.

A remoção do corante aumentou com o aumento da dose de alúmen e, após 70 mg/L para o azul Remazol, 90 mg/L para o amarelo Remazol e 80 mg/L para o vermelho Remazol, a dose de alúmen diminui. Uma possível razão para o aumento da remoção do corante com o aumento da dose de alúmen foi a "regra de Hardy Shultz". De acordo com a regra de Shultz, quanto maior for a carga do coagulante, maior será a remoção (Eckenfelder, 2000). As dosagens óptimas de alúmen para o azul Remazol, o amarelo Remazol e o vermelho Remazol são 70 mg/L, 90 mg/L e 80 mg/L, respetivamente.

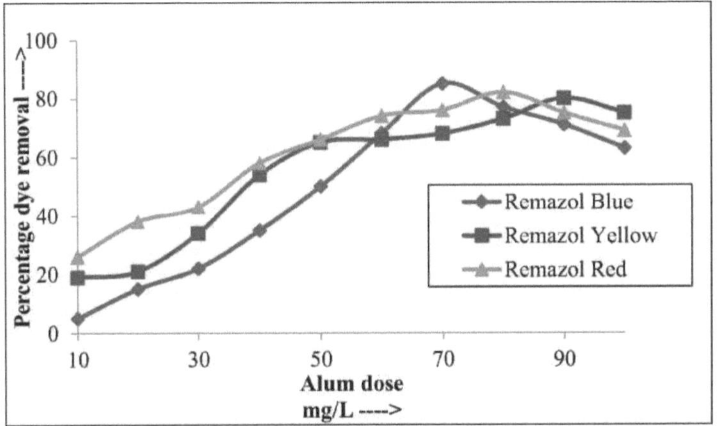

Fig. 4.60: Determinação da dose óptima de alúmen para uma concentração de corante de 10 mg/L

4.9.3 Determinação da dose óptima de combinação de alúmen e cinzas de lamas para a remoção de corantes

As cinzas de lamas não podem ser utilizadas diretamente como coagulante; por conseguinte, foram efectuados estudos para combinações de alúmen e cinzas de lamas, a fim de determinar se as cinzas de lamas actuam ou não como coagulante. A Tabela 4.26 mostra a variação na remoção do corante para uma dose de alúmen de 70 mg/L com diferentes dosagens de cinzas de lamas (as combinações óptimas para cada tipo de corante estão assinaladas a negrito).

A remoção do corante aumentou ligeiramente com o aumento da dose de cinzas das lamas. Registou-se um aumento de 5 a 10 % no caso de todos os corantes. Este aumento da percentagem de remoção do corante foi muito pequeno em comparação com as dosagens de cinzas de lamas dadas e o volume de lamas gerado. Este aumento marginal da percentagem de remoção do corante deveu-se provavelmente à adsorção dos corantes na superfície das lamas de cinza. Este facto indica que as cinzas de lamas não têm capacidade para serem utilizadas como coagulante. O volume de lamas gerado pode colocar desafios adicionais à eliminação das lamas. Devido a estas razões distintas, as cinzas de lamas não puderam ser utilizadas como coagulante para a remoção de corantes.

Tabela 4.26: Remoção de corante utilizando alúmen e cinzas de lamas

Tipo de corante	Dose de alúmen	Dose de cinzas de lamas em	Percentagem de	Volume de lamas gerado em ml/L

	mg/L	g/L	remoção do corante	
Remazol azul RGB	70	1	82	60
		2	87	75
		3	**93**	**90**
		4	92	100
		5	89	110
Remazol amarelo RGB	90	1	78	60
		2	82	75
		3	**86**	**90**
		4	80	100
		5	72	110
Remazol vermelho RGB	80	1	80	60
		2	81	75
		3	83	90
		4	**89**	**100**
		5	86	110

4.10 RESUMO

O estudo efectuado centrou-se na reutilização das lamas geradas na fábrica têxtil situada em Solapur, na Índia. Também se tentou explorar a possibilidade de a utilizar como aditivo em blocos sólidos SC e SCF, tijolos de argila queimada e diferentes graus de betão (M20, M25 e M30) na sua forma original. Além disso, também foi verificada a sua utilização para a remoção de corantes, convertendo-a em cinzas de lamas num estudo de adsorção. Também foi explorado o potencial das cinzas de lamas para utilização no processo de coagulação.

Apresentam-se em seguida os pontos principais do trabalho de investigação efectuado:

i.   A caraterização das lamas da fábrica de têxteis efectuada através da utilização de técnicas avançadas como XRF, XRD e SEM-EDS ajudou a conhecer a composição dos constituintes em bruto utilizados para o estudo, tais como as lamas da fábrica de têxteis, as cinzas volantes, o cimento, o óleo branco, o solo vermelho e o solo preto.

ii.   A proporção de lamas em blocos SC e SCF foi de 10 a 80%, em tijolos de argila queimada foi de 5 a 35%, em diferentes graus de betão foi de 4 a 36%. No estudo de adsorção, as dosagens de adsorvente variaram de 1 a 5 gm/L (intervalo - 1gm/L). Quando se utilizaram cinzas de lamas como auxiliares no processo de coagulação, as dosagens foram idênticas às do estudo de adsorção.

iii. Observou-se que a resistência à compressão destes materiais de construção diminui à medida que a percentagem de lamas em peso aumenta. Assim, a adição máxima de lamas de fábricas têxteis depende em grande medida dos requisitos de resistência à compressão de acordo com as disposições do código BIS.

iv.   O controlo da água utilizada para a cura indicou que a lixiviação aumentava à medida que o teor de lamas aumentava nos materiais de construção com lamas.

v.   A cura ácida mostrou um menor ganho de resistência em comparação com a cura com água normal durante um período de 365 dias para os blocos sólidos SC, SCF e os betões M20, M25 e M30.

vi.   A conversão das lamas da fábrica de têxteis em cinzas de lamas incineradas para estudos de adsorção e coagulação mostrou resultados encorajadores em termos de percentagem de remoção de corantes.

vii. Por fim, no final do estudo, é necessário investigar os aspectos de durabilidade do material de construção alterado com lamas e a eliminação das lamas geradas durante o estudo de adsorção e coagulação, o que merecerá ser explorado num estudo futuro.

A conclusão, as recomendações e o âmbito do trabalho futuro são discutidos no capítulo seguinte.

CAPÍTULO 5

CONCLUSÕES E ÂMBITO DO TRABALHO FUTURO

5.0 GERAL

O estudo foi realizado com lamas de fábricas têxteis para estabelecer o seu potencial de reutilização em várias opções, tais como a substituição parcial em materiais de construção (blocos de lamas-cimento, blocos de lamas-cimento-cinzas volantes, tijolos de argila queimada e diferentes tipos de betão), como adsorvente sem ativação para a remoção de corantes e como coagulante auxiliar para a remoção de corantes.

5.1 CONCLUSÃO

Quando as lamas foram reutilizadas nas opções acima referidas, o estudo revelou as seguintes conclusões

5.1.1 Blocos de construção sólidos de lamas de fábricas têxteis e de cimento (SC)

O estudo efectuado sobre os blocos sólidos SC revelou que o cimento pode ser utilizado como aglutinante juntamente com as lamas da fábrica de têxteis para produzir blocos sólidos. A resistência à compressão dos blocos sólidos SC diminuiu com o aumento da percentagem de lamas de 20% para 80%. Os resultados da resistência à compressão indicaram que uma combinação óptima era de 30% de lamas e 70% de cimento (3:7) correspondendo à resistência à compressão de 23,8 MPa. A densidade dos blocos diminui com o aumento do teor de lamas, o que pode ser atribuído à menor densidade das lamas da fábrica de têxteis. Durante a cura dos blocos SC, verificou-se uma redução da lixiviação à medida que a proporção de cimento vai aumentando. Este facto deveu-se à capacidade de ligação e de solidificação do cimento. Também a CE e o TDS diminuíram com o aumento do teor de cimento. Isto indica que o cimento pode ser utilizado com sucesso como material aglutinante juntamente com as lamas da fábrica de têxteis para produzir blocos SC.

Recomenda-se a utilização de 70% (em peso) de cimento juntamente com 30% (em peso) de lamas de moinhos têxteis para os blocos SC.

5.1.2 Blocos de construção sólidos de lamas, cimento e cinzas volantes (SCF) de fábricas têxteis

Quando as lamas da fábrica de têxteis foram utilizadas em combinação com cimento e cinzas volantes, as resistências à compressão dos blocos sólidos SCF resultantes foram superiores às dos blocos SC. O estudo revelou que, mantendo a percentagem de lamas constante, ou seja, 30% (em peso), o cimento pode ser substituído por cinzas volantes para tornar económicos os blocos de construção com lamas. A adição de cinzas volantes reduziu consideravelmente a lixiviação dos blocos SCF, em comparação com os blocos SC. A resistência à compressão aumentou gradualmente com o aumento do teor de cinzas volantes. A combinação óptima trabalhada foi 30% de lamas, 30% de cimento e 40% de cinzas volantes (3:3:4) correspondendo a uma resistência à compressão de 29,1 MPa. A densidade dos blocos diminuiu com o aumento do teor de cinzas volantes. A adição de cinzas volantes ajudou a reduzir a lixiviação, o que foi indicado na monitorização de CE e TDS, bem como na análise da água utilizada para a cura. A adição de cinzas volantes também contribuiu para o desenvolvimento da resistência à compressão.

A combinação de lamas: cimento: cinzas volantes recomendada é 3:3:4

5.1.3 Lamas de fábricas têxteis em tijolos de argila queimada

Este trabalho demonstrou as condições adequadas para a utilização de lamas secas de fábricas de têxteis como substituto de material de base de argila para produzir tijolos de qualidade de engenharia (Classe III). A proporção de lamas de fábricas têxteis na mistura do material de base e a temperatura de cozedura são os dois factores-chave que afectam a qualidade do tijolo. Os estudos sobre tijolos de argila queimada indicaram que a lama de moinho têxtil foi utilizada até 15% sem comprometer a resistência à compressão e os valores de absorção de água de 3,5 MPa e 20%, respetivamente, de acordo com os requisitos BIS. A queima de matéria orgânica a temperaturas elevadas resultou numa matriz porosa de tijolo de lamas de argila. O aumento da porosidade com um aumento da percentagem de lamas contribuiu significativamente para uma menor resistência à compressão e uma maior capacidade de absorção de água dos tijolos. A temperatura de cozedura de 800^0 C e o período de cozedura de 24 horas deram bons resultados em termos de resistência à compressão com um teor de lamas até 15%. O teste TCLP confirmou uma menor percentagem de metais pesados. Por conseguinte, a utilização de 15% de lamas de fábricas têxteis no fabrico de tijolos de argila queimada pode ser praticada em grande escala e contribuirá para a utilização em massa de lamas.

A percentagem recomendada de lamas de fábricas de têxteis em tijolos de argila queimada é de 15% (em peso)

5.1.4 Lamas de fábricas de têxteis em diferentes graus de betão

Com base no trabalho experimental realizado nesta investigação, pode concluir-se que as lamas da fábrica de têxteis podem ser utilizadas com sucesso como substituto da areia em misturas de betão. As investigações sobre a reutilização de lamas de fábricas têxteis em diferentes tipos de betão mostraram que as resistências à compressão obtidas com a adição de 16% de lamas foram de 27,38 MPa, 33,37 MPa e 38,50 MPa, respetivamente, para os tipos de betão M20, M25 e M30. A resistência média à compressão desce abaixo da resistência média pretendida quando a percentagem de lamas aumenta para além de 16%. Por conseguinte, a percentagem óptima que pode ser adicionada para satisfazer o requisito de resistência média pretendida é de 16% apenas para as misturas em questão.

Verificou-se um aumento da absorção de água das misturas de betão à medida que o teor de lamas da indústria têxtil aumentava. A redução da trabalhabilidade das misturas de betão deveu-se à natureza porosa e de absorção de água das lamas de depuração. Verificou-se um efeito da cura ácida em termos de um menor ganho de resistência à compressão em comparação com a resistência à compressão a 28 dias. As lamas secas de fábricas de têxteis actuaram como um material pozolónico com menor potencial em comparação com as cinzas volantes e também actuaram como material de enchimento no betão. A aplicação das lamas de depuração em diferentes tipos de betão pode reduzir significativamente o custo de eliminação das lamas. Assim, as lamas da fábrica de têxteis contribuirão para produzir um betão "mais ecológico" para futuras práticas de construção.

A percentagem óptima de lamas recomendada nos graus de betão M20, M25 e M30 é de 16%, tendo em conta a resistência média pretendida a ser alcançada apenas para as misturas em questão.

5.1.5 Lamas de fábricas têxteis como adsorvente para a remoção de corantes

Os estudos sobre a reutilização de cinzas de lamas como adsorvente para a remoção de corantes indicaram que as cinzas de lamas incineradas podem ser utilizadas como adsorvente (sem qualquer ativação química) para a remoção dos corantes Remazol azul RGB, Remazol amarelo RGB e Remazol vermelho RGB. A remoção do corante foi máxima a um pH ácido devido ao excesso de iões positivos em condições de pH ácido e à natureza porosa das cinzas de lamas. O equilíbrio foi atingido após 105-120 minutos a um pH ótimo de 2 (gama ácida).

A adsorção revelou-se favorável, considerando valores de R^2 superiores a 0,9 e os dados experimentais ajustaram-se bem às isotérmicas de Langmuir e Freundlich.

A dose recomendada de cinzas de lamas para a remoção de corantes é de 5 gm/L para os três tipos de corantes utilizados.

5.1.6 Lamas de fábricas de têxteis como auxiliares de coagulação

Devido à insolubilidade das cinzas de lamas de fábricas têxteis na água, não podem ser utilizadas como coagulante, mas foram utilizadas como coagulante auxiliar para a remoção do corante acima referido. Numa investigação realizada para a reutilização de cinzas de lamas de fábricas têxteis como coagulante, as dosagens óptimas de alúmen registadas foram: 70, 90 e 80 mg/Lit para uma concentração de 10 mg/Lit de corantes azul de remazol, amarelo e vermelho, respetivamente. As doses de cinzas de lamas de 3, 3 e 4 gm/Lit, respetivamente, juntamente com as doses de alúmen acima referidas, melhoraram a remoção do corante em 5 a 10%. A adição de cinzas de lama também aumentou o volume de lama gerado, o que provavelmente representará um problema futuro de manuseamento de lama.

A adição das lamas da fábrica de têxteis aos materiais de construção e às opções de tratamento, como a adsorção e a coagulação, garantirá a utilização em massa dos resíduos e assegurará igualmente tecnologias de tratamento respeitadoras do ambiente.

5.2 ÂMBITO DO TRABALHO FUTURO

Com base em todo o estudo, podem ser sugeridas as seguintes áreas de investigação para trabalhos futuros:

i. Poderá ser efectuado o estudo de blocos sólidos de lamas-cimento e de lamas-cimento-cinzas volantes comprimidos.

ii. Podem ser efectuados estudos para melhorar a resistência à compressão dos blocos SC e SCF através da utilização de agregados finos/grossos.

iii. Num estudo sobre a reutilização de lamas de fábricas têxteis no betão, a trabalhabilidade do betão diminuiu com o aumento do teor de lamas. A trabalhabilidade pode ser melhorada através da adição de plastificantes em diferentes graus de betão. Além disso, o efeito da adição de lamas no reforço e os estudos de durabilidade são mais algumas áreas a focar.

iv. No entanto, serão necessários ensaios como a permeabilidade e a sorptividade, a carbonatação, o ataque de cloretos e o ataque de sulfatos para avaliar a durabilidade do betão alterado com lamas. Além disso, valerá a pena concentrar-se no comportamento pozolónico das lamas de fábricas têxteis no betão.

v. Será interessante estudar a reutilização das lamas das fábricas de têxteis em diferentes tipos de betão, substituindo o cimento por lamas. A substituição do cimento por cinzas de lamas de fábricas de têxteis é outra área a ser explorada

vi. Podem ser efectuados estudos de regeneração das cinzas de lamas após a sua utilização como adsorvente. Também podem ser efectuados estudos de adsorção com ativação química de cinzas de lamas para a remoção de misturas de corantes de águas residuais de corantes.

vii. Pode também ser estudada a monitorização dos gases de combustão quando as lamas estão a ser utilizadas em tijolos de barro queimado e a sua comparação com os resultados dos tijolos de barro queimado tradicionais para garantir que é uma opção ambientalmente correta.

viii. Poderá ser realizado um estudo pormenorizado para verificar a microestrutura, a microanálise e a difração de electrões de SC, SCF, tijolos e betão.

ix. Além disso, as lamas das fábricas de têxteis podem também ser reutilizadas no fabrico de azulejos, blocos de pavimentação porosos, etc.

REFERÊNCIAS

Abdul-Razzaq, N. N. (2011). "Remoção de corante de águas residuais têxteis por coagulação usando Alum e PAC", *Journal of Engineering,* 17 (4), 800 -806.

Agarwal, P., Gupta, Y. P. e Suryakanta, B. (2007). "Effect of fineness of sand on the cost and properties of concrete" [Efeito da finura da areia no custo e nas propriedades do betão]. http://nbmcw.com/articles/concrete/582-   effect-of-fineness-of-sand-on-the-cost-and-properties-of-concrete.html.

Ahmadi, B. e Al-Khaja, W. (2001). "Utilização de lamas de resíduos de papel na indústria da construção civil", *Resource Conservation Recycling,* Vol. 32, No. 2, 105-113.

Alleman, J. E., Bryan, E. H., Stumm, T. A., Marlow, W. W. e Hocevar, R. C. (1990). "Produção de tijolos com lamas: Applicability for metal-laden residues". *Water Science Technology,* Vol 22, No 12, 309-317.

Alleman, J. E. e Berman, N. A. (1984). "Gestão construtiva das lamas: Biobrick". *ASCE Journal of Environmental Engineering,* Vol 110, No 2, abril de 1984, 301-311.

Al-Qodah, Z. e Shawabkah, R. (2009). "Produção e caraterização de carvão ativado granular". *Revista Brasileira de Engenharia Química,* Vol. - 26, No. - 01, 127-136.

Anderson, M. (2002). "Encouraging prospects for recycling incinerated sewage sludge ash (ISSA) into a clay-based building products". *Journal of Chemical Technology and Biotechnology,* 77 (3), 352-360.

Annadurai, G., Juang, R.S., Yen, P.S. e Lee, D.J. (2003). "Utilização de lamas biológicas residuais tratadas termicamente como absorvente de corantes". *Advances in Environmental Research,* 7 (3), 739-744.

APHA, AWWA e WEF (2005). "Standard methods for examination of Water and Wastewater" (Métodos normalizados para o exame da água e das águas residuais). *21st Edition, Associação Americana de Saúde Pública, Washington (DC).*

Arsenovic, M., Radojevic, Z., e Stankovic, S. (2012). "Remoção de metais tóxicos de lamas industriais por fixação em estrutura de tijolo". *Materiais de Construção Civil.* Vol. 37, 7-14.

Arvelo, A. (2004). "Efeitos das Propriedades do Solo na Densidade Seca Máxima Obtida". *Tese de mestrado,* Universidade da Flórida Central, Orlando, Flórida.

Asavapisit, S., Naksrichum, S. e Harnwajanawong, N. (2005). "Caraterísticas de resistência, lixiviabilidade e microestrutura de lamas de revestimento solidificadas à base de cimento". *Cement and Concrete Research,* 35, 1042-1049.

Divisão de utilização de cinzas NTPC (2007). Um relatório sobre "Cinzas volantes para betão de cimento: Resource For High Strength and Durability of Structures at Lower cost", *NTPC Limited.*

Athanasoulia, E., Diamantis, V., Tastani, S., e Aivasidis, A. (2008) "Solidification of dried activated sludge in ceramic material". *4ª Conferência Europeia sobre Bioremediação-2009,* 1-7.

Babu, K. G. e Kumar, V. S. R (2000). "Eficiência do GGBS no betão". *Cement and Concrete research,* Vol. 30, 1031-1036.

Backe, K. R., Lile, O. B. e Lyomov, S. K. (2001). "Caracterização de pastas de cimento de cura por condutividade eléctrica". *SPE Drilling and Completion,* 16 (4), 201-207.

Badur, S. e Choudhary, R. (2008). "Utilização de resíduos e subprodutos perigosos como material de betão verde através do processo S/S: A review". *Journal of Revolutionary Advance Materials Science,* Vol. - 17, 42-61.

Balasubramanian, J., Sabumon, P. C., Lazar, J. U., e Ilangovan, R. (2006). "Reutilização de lamas de estações de tratamento de efluentes têxteis em materiais de construção". *Waste Management, 26*, 22-28.

Balwaik, S. A., e Raut, S. P. (2011). "Utilização de Resíduos de Pasta de Papel por Substituição Parcial de Cimento em Betão". *Revista Internacional de Investigação e Aplicações de Engenharia,* 1(2), 300-309.

Bashkova, S., Bagreev, A., Locke, D. C., e Bandosz, T. J. (2002). "Materiais derivados de lamas de depuração como adsorventes de SO_2". *Fundamentals of Adsorption*, Vol.- 7IK, 239-246.

Baskar, R., Begum, K. M. M. S. e Sundaram, S. (2006). "Caracterização e reutilização de lamas residuais da estação de tratamento de efluentes têxteis em tijolos de barro". *Jornal da Universidade de Química e Metalurgia,* Vol 41 No.-4, 473-478.

Bendsted, J. e Barnes, P. (2002). "Structure and performance of cement" (Estrutura e desempenho do cimento). *Spon Press*, Londres, Inglaterra.

Berndt M. L. (2009). "Propriedades do betão sustentável contendo escórias de cinzas volantes e agregado de betão reciclado". *Construção Civil. Materials*, Vol. 23, No. 7,2606-2613.

Bhatnagar, A. e Jain, A. K., (2005). "Um estudo comparativo de adsorção com diferentes resíduos industriais como adsorventes para a remoção de corantes catiónicos da água". *Journal of Colloid Interface Science*, Vol. 281, No. 1, 49-55.

BIS 11650 (1991). "Guia para o fabrico de tijolos de construção de argila queimada comum por processo semi-mecanizado". Primeira revisão, *Bureau of Indian Standard, Nova Deli, Índia.*

BIS 2386, Parte 3, (1963) "Methods of test for aggregates for concrete Part 3 Specific gravity, density, voids, absorption and bulking". *Bureau of Indian Standard, Nova Deli, Índia.*

BIS 3812 (Parte I) (2003). "Pulverized fuel ash specification part 1 for use as pozzolana in cement, cement mortar and concrete". Segunda revisão, *Bureau of Indian Standard, Nova Deli, Índia.*

BIS 383 (1970). "Specification for coarse and fine aggregates from natural sources for concrete". Segunda revisão, *Bureau of Indian Standard, Nova Deli, Índia.*

BIS 4031, Parte-V, (1988). "Métodos de ensaios físicos para cimento hidráulico: Parte 5 Determinação dos tempos de presa inicial e final". *Bureau of Indian Standard, Nova Deli, Índia.*

BIS: 10080 (1982). "Especificação para máquina de vibração". *Bureau of Indian Standard, Nova Deli, Índia.*

BIS: 1199 (1959). "Methods of Sampling and Analysis of Concrete". Décima primeira reimpressão, (1991), *Bureau of Indian Standards, Nova Deli, Índia*

BIS: 2031 (Parte V), (1988). "Métodos para cimento hidráulico - Determinação da resistência à compressão do cimento hidráulico". *Bureau of Indian Standard, Nova Deli, Índia.*

BIS: 2720 (Parte III/Sec. 2) (1980). "Métodos de ensaio para solos, Determinação da gravidade específica, Secção I, Solos de grão fino". Primeira revisão, *Bureau of Indian Standard, Nova Deli, Índia.*

BIS: 2720 (Parte-VII) (1980). "Métodos de ensaio para solos". *Bureau of Indian Standard, Nova Deli, Índia.*

BIS: 3102, (1971) "Classification of Burnt Clay Solid Bricks". Segunda revisão, *Bureau of Indian Standard, Nova Deli, Índia.*

BIS: 3495 (Parte I a IV), (1992). "Methods of Tests of Burnt Clay Building Bricks- Part I-

Determination of compressive strength, Part-II Determination of Water content, Part-III Determination of efflorescence, Part-IV Determination of warpage". Terceira revisão, *Bureau of Indian Standard, Nova Deli, Índia.*

BIS: 3812 (Parte I) (2003). "Pulverized fuel ash - specification, Part 1, For use as pozzolana in Cement, Cement mortar and concrete". Segunda revisão, *Bureau of Indian Standard, Nova Deli, Índia.*

BIS: 456 (2000). "Betão simples e armado - Código de práticas". Quarta revisão, Bureau *of Indian Standards, Nova Deli, Índia.*

BIS: 650 (1991). "Especificação para areia padrão para teste de cimento". *Bureau of Indian Standard, Nova Deli, Índia.*

BIS: 8112 (1989). "Especificações para cimento Portland ordinário de grau 43". *Bureau of Indian Standard, Nova Deli, Índia.*

Bosch, H., Kleerebezem, G. J. e Mars, P. (1976). "Activated Carbon from Activated Sludge" (carvão ativado a partir de lamas activadas). *Journal Water Pollution Control Federation*, Vol. 48, No. 3, 551-561.

CEN/TS 14405 (2004). "Caracterização dos ensaios de comportamento de lixiviação de resíduos - ensaio de percolação de fluxo ascendente (em condições especificadas)". *Comité Europeu de Normalização.*

Chang, C., Tseng, L,. Lin, T., Wang, W. e Lee, T. (2012). "Reciclagem de escória de mistura de cinzas MSWI modificada e lamas CMP como substituto do cimento e sua composição ideal". *Indian Journal of Engineering and Material Science*, Vol. 19, No. 1, 31-40.

Cheeseman, C. R., e Virdi, G. S. (2005). "Propriedades e microestrutura do agregado leve produzido a partir de cinzas de lamas de depuração sinterizadas". *Resource Conservation, Recycling*, Vol. 45, No. 1, 18-30.

Cheilas, A., Katsioti, M., Georgiades, A., Malliou, O., Teas, C. e Haniotakis, E. (2007). "Impacto das condições de endurecimento nos produtos estabilizados/solidificados de cimento-lamas de esgoto-jarosite/alunite". *Cement and Concrete Composites,* 29(4), 263-269.

Chen, H., Ma, X., e Dai, H. (2010). "Reutilização de lamas de depuração de água como matéria-prima na produção de cimento", *Cement and Concrete Composite*, Vol. 32, No. 6, 436-439.

Chen, L. e Lin, D. F. (2009). "Aplicações de cinzas de lamas de depuração e nano-SiO2 no fabrico de ladrilhos como material de construção". *Construction and Building Materials*, 23(11), 3312-3320.

Chen, L. e Lin, D.-F. (2009). "Tratamento de estabilização de solo de subleito macio por cinzas de lamas de depuração e cimento". *Journal of Hazardous Materials*, 162 (1), 321-327.

Chen, X., Jayaseelan e Graham, N. (2002). "Estudo das propriedades físicas e químicas do carvão ativado produzido a partir de lamas de depuração". *Waste Management*, 22, 755-760.

Chiang, H.L., Ting-Chien, C., San-De, P. e Hsiu-Mei, C. (2009). "Caraterísticas de adsorção de Laranja II e Crisofenina em adsorventes de lamas e fibras de carbono activadas". *Journal of Hazardous Materials*, 161 (2-3), 13841390.

Chiang, K.-Y., Chien, K.-L., e Hwang, S.-J. (2008). "Estudo sobre as caraterísticas dos tijolos de construção produzidos a partir de sedimentos de reservatórios". *Journal of Hazardous Materials*, 159 (2-3), 499-504.

Choi, Y. W., Kim, Y. J., Choi, O., Lee, K. M. e Lachemi, M. (2009). "Utilização de rejeitos de resíduos de minas de tungsténio como material de substituição do cimento". *Construção. Building Materials,* Vol. 23, No. 7, 2481-2486.

Christy, C. F., Tensing, D., Nadu, T., e Dt, N. (2011). "Material de construção mais ecológico com cinzas volantes". *Asian Journal of Civil Engineering (building and housing)*, Vol. 12, No. 1 87-105.

Chu, W. (2001). "Remoção de corantes de águas residuais de tinturaria têxtil utilizando lamas de alúmen recicladas". *Water resource*, Vol-35, No-13, 3147-3152.

Peritos em betão (2008). "Acid attack on concrete", *Concrete Experts International*. Online em - http://www.concrete-experts.com/pages/acid.htm

CPHEEO (2000). "Manual on Solid Waste Management" (Manual de Gestão de Resíduos Sólidos). *Organização Central de Saúde Pública e Engenharia Ambiental (CPHEEO)*, *Ministério do Desenvolvimento Urbano, Nova Deli, Índia.*

Cyr, M., Countand, M., e Clastres, P. (2007). "Comportamento tecnológico e ambiental das cinzas de lamas de depuração (SSA) em materiais à base de cimento". *Investigação sobre Cimento e Betão*, 37, 1278-1289.

D'Souza, R. G. e Shrihari, S. (2010). "Aplicação de cinzas volantes de incineradores como aditivo para materiais de construção". *Tese de doutoramento, NITK Surathkal.*

Demir, I., Serhat Baspinar, M., e Orhan, M. (2005). "Utilização de resíduos da produção de pasta kraft na produção de tijolos de barro", *Building and Environment*, Vol. 40, No. 11, 1533-1537.

Dhaouadi, H. e Henni, F. M. (2008). "Descoloração de efluentes de fábricas têxteis através da utilização de lamas de depuração desidratadas". *Chemical Engineering Journal,* 138, 111-119.

Diaz, C. B., Barrera, G. M., Gencel, O., Martinez, L. A. e Band Brostow, W. (2011). "Lamas de águas residuais processadas para melhoria das propriedades mecânicas do betão". *Journal of Hazardous Materials*, 192, 108-115.

Eckenfelder W. W. (2000). "Industrial Water Pollution Control", *Terceira Edição*, McGraw-Hill Companies, Inc.

Ewais, E. M. M., Khalil, N. M., Ahmed Y. M. Z. e Barakat, M. A. (2009). "Utilização de lamas de alumínio e escórias de alumínio (dross) para o fabrico de cimento de aluminato de cálcio". *Ceramics International*, 35, 33813388.

Fan, X. e Zhang, X. (2008). "Propriedades de adsorção de carvão ativado de lamas de depuração para negro alcalino". *Materials Letter,* 62, 1704-1706.

Fernandes, F. M., Lourengo, P. B. e Castro, F. (2010). "Tijolos de Barro Antigo: Fabrico e Propriedades". *Materials, Technologies and Practice in Historic Heritage Structures, Springer*, 29-48.

Fernandes, F. M., Lourengo, P. B. e Castro, F. (2010). "Materiais, Tecnologias e Práticas em Estruturas do Património Histórico". *Springer Science Business Media B.V.*, 1- 21.

Fontes C. M. A., Barbosa, M. C., Filho, R. D. T. e Goncalves, J. P., (2004). "Potencialidade da cinza de lodo de esgoto como aditivo mineral em argamassa de cimento e concreto de alto desempenho". *Conferência Internacional RILEM sobre a Utilização de Materiais Reciclados em Edifícios e Estruturas, 8-11 de novembro de 2004, Barcelona, Espanha,* 797-806.

Freundlich (1906). "Uber die adsorption in lusungen". *Journal of Physical Chemistry*, 57, 385-390.

Garcia. R., Villa, R. V., Vegas, I., Frias, M. e Rojas, M. I. S. (2008). "Pozzolonic properties of paper sludge waste". *Construção e Materiais de Construção*, 22, 1484-1490.

Geethakarthi, A. e Phanikumar, B. R. (2011a). "Adsorção de corantes reactivos de uma solução aquosa por carvão ativado desenvolvido a partir de lamas de curtume: estudos cinéticos e de equilíbrio". *Jornal Internacional de Ciência e Tecnologia*, 8(3), 561-570.

Christensen, B.J. (1994). "Espectroscopia de impedância de materiais à base de cimento hidratante: Measurement, Interpretation, and Application". *Journal of the American Ceramic Society* **77**, No. 11, 2789.

Geethakarthi, A. e Phanikumar, B. R. (2011b). "Adsorventes baseados em lamas industriais/subprodutos industriais na remoção de corantes reactivos". *Revista Internacional de Recursos Hídricos e Engenharia Ambiental,* Vol-3(1), 1-9.

Gonnerman, H. F. e Shuman, E. C. (1928). "Flexure and Tension Tests of Plain Concrete*" (Ensaios de Flexão e Tensão de Betão Simples). Major Series 171, 209, and 210, Report of the Diretor of Research,* Portland Cement Association, 149 -163.

Gopi, S. (2010). "Engenharia civil básica". *Pearson Education India, Nova Deli, ISBN 978-81-317-2988-5, Primeira impressão, 31 -32.*

Gulnaz, O., Kaya, A., Matyar, F. e Arikan, B. (2004). "Sorção de corantes básicos de soluções aquosas por lamas activadas". *Journal of Hazardous Materials*, 108(3), 183-188.

Guo, M., Qiu, G. e Song, W. (2010). "Carvão ativado à base de cama de aves de capoeira para remoção de iões de metais pesados na água". *Water Management,* 30, 308-315.

Habib, M. A., Bahadur, N. M., Mahmood, A. J. e Islam, M. A. (2012). "Imobilização de metais pesados em matrizes cimentícias", *Journal of Saudi Chemical Society,* Vol. 16, No. 3, 263-269.

Hall, K.R., Eagleton, L.C., Acrivos, A. e Vermevlem, T. (1966). "Cinética de difusão de poros e sólidos em adsorção de leito fixo sob condições de padrão constante". *Industrial and Engineering Chemistry Fundamentals*, 5, 212-9.

Hassoun, M. N. e Al-Manseer, A. (2008). "Structural concrete - theory and design". *Quarta edição*, John Wiley and sons, New-Jersey.

Hii, K., Mohajerani, A., Slatter, P. e Eshtiaghi, N. (2002). "Reuse of Desalination Sludge for Brick Making*" (Reutilização de lamas de dessalinização para fabrico de tijolos). http://www.conference.net.au/chemeca2013 /papers/28278.pdf.*

Hojamberdiev, M., Kameshima, Y., Nakajima, a, Okada, K. e Kadirova, Z. (2008). "Preparação e propriedades de sorção de materiais a partir de lamas de papel". *Journal of Hazardous Materials*, 151(2-3), 710-719.

Hong, Y., Shen, Y., Yuan, X., e Zhou, Y. M. (2010). "Estudo sobre a Adsorção de Gatifloxacina por Carvão Ativado de Lamas". *4ᵃ Conferência Internacional sobre Bioinformática e Engenharia Biomédica, 1-5.*

Hung-Lung, C., Chih-Yu, C., Ching-Guan, C., Kuo-Hsiung, L. e Nina, L. (2005). "A reutilização de lamas biológicas como adsorvente para adsorção de benzeno e corantes*". http://www.nt.ntnu.no/users/skoge/prost/proceedings/aiche-2005/non-topical/ Non%20topical/papers/288m.pdf.*

Iqbal, M. J. e Ashiq, M. N. (2007). "Adsorção de corantes de soluções aquosas em carvão ativado". *Journal of Hazardous Materials*, 139 (1), 57-66.

Ismail, M., Ismail, M. A., Lau, S. K., Muhammad, B. e Majid, Z. (2010). "Fabrico de tijolos a partir de lamas de papel e cinzas de combustível de óleo de palma". *Cartas de Investigação sobre Betão* Vol. 1 (2), 60-66.

Jain, A. K., Gupta, V. K. e Bhatnagar, A. (2003). "Um estudo comparativo de adsorventes preparados a partir de resíduos industriais para a remoção de corantes". *Separation. Science and Technology*, Vol. 38, No. 2, 463-481.

Jamshidi, M., Jamshidi, A. e Mehrdadi, N. (2012). "Aplicação de lamas secas de esgoto em misturas de betão". *Jornal Asiático de Engenharia Civil (Construção e Habitação,* 13 (3), 365-375.

Jorda, M. M., Almendro-candel, M. B., Romero, M. e Rinco, J. M. (2005). "Aplicação de lamas de depuração no fabrico de corpos cerâmicos". *Journal of Applied Clay Science,* Vol. 30, 219-224.

Kang, S.Y., Kim, D.W. e Kim, K.W. (2007). "Aumento da adsorção de As (V) em lamas activadas por tratamento de metilação". *Environmental Geochemistry and Health,* Vol.-29, No.-4, 313-318.

Karaman, S., Ersahin, S. e Gunal, H. (2006). "Influência da temperatura e do tempo de cozedura nas propriedades mecânicas e físicas dos tijolos de barro". *Jornal de Investigação Científica e Industrial,* 65, 153-159.

Kayranli, B. (2011). "Adsorção de corantes têxteis em sistemas aquosos à base de ferro a partir de solução aquosa: estudo isotérmico, cinético e termodinâmico". *Chemical Engineering Journal,* 173, 782-791.

Khalili, N.R., Vyas, J. D., Weangkaew, W., Westfall, S. J., Parulekar, S. J. e Sherwood, R. (2002). "Síntese e caraterização de carvão ativado e adsorvente bioativo produzido a partir de lamas de fábricas de papel". *Separation and Purification Technology,* 26, 295-304.

Khalili, N. R., Campbell, M., Sandi, G. e Golas, J. (2000). "Produção de carvão ativado micro e mesoporoso a partir de lamas de fábricas de papel I. Efeito da ativação com cloreto de zinco". *Carbon,* 38, 1905-1915.

Khalili, N., Westfall, S., Vyas, J., Weangkaew, W., Parulekar, S. e Sherwood, R. (2002). "Synthesis and characterization of activated carbon and bioactive adsorbent produced from paper mill sludge" [Síntese e caraterização de carvão ativado e adsorvente bioativo produzido a partir de lamas de fábricas de papel]. *Separation and Purification Technology,* 26 (2-3), 295-304.

Kim, S., Kim, H., e Chul, J. (2009). "Aplicação de lamas de papel reciclado e de materiais de biomassa no fabrico de paletes compostas verdes". *Recursos, Conservação e Reciclagem,* 53, 674-679.

Klimiuk, E., Filipkowska, U., e Korzeniowska, A. (1999). "Efeitos do pH e da Dosagem de Coagulante na Eficácia da Coagulação de Corantes Reactivos de Águas Residuais Modelo por Cloreto de Polialumínio (PAC)". *Jornal Polaco de Estudos Ambientais,* 8 (2), 73-79.

Krishnan, S. M. e Giridev, V. R. (2010). "Utilização de lamas residuais de efluentes têxteis na produção de tijolos". http://www.fibre2fashion.com/industry- article/27/2682/utilization-of-textile-effluent1.asp.

Kuo, W.-Y. e Huang, J.-S. (2010). "Microestrutura e propriedades de argamassas de cimento contendo lamas de reservatório organo-modificadas". *Construção e Materiais de Construção,* 24 (10), 2022-2029.

Langmuir (1918). "A adsorção de gases em superfícies planas de vidro, mica e platina". *Jornal da Sociedade Americana de Química,* 40:1361.

Lee, C., Low, K. e Chow, S. (1996). "Lodo de cromo como adsorvente para remoção de cor". *Environmental Technology,* 17 (9), 1023-1028.

Lee, T. C. (2009). "Reciclagem de escórias de cinzas volantes de incineradores municipais e lamas de resíduos de semicondutores como aditivos em argamassa de cimento". *Construção e Materiais de Construção,* 23 (11), 3305-3311.

Lee, T. C., Lin, K. L., Su, X. W. e Lin, K. K. (2012). "Reciclagem de lamas CMP como recurso em betão". *Construção e Materiais de Construção*, 30, 243-251.

Lin, D.F. e Weng, C. H. (2001). "Utilização de cinzas de lamas de depuração como material de tijolo". *Journal of Environmental Engineering*, Vol-127, No -10, 922-927.

Lin, K. L. e Lin, C. Y. (2005). "Caraterísticas de hidratação das cinzas de lamas residuais utilizadas como matéria-prima de cimento". *Cement and Concrete Research*, 35, 19992007.

Lin, K. L., Lin, D. F., e Luo, H. L. (2009). "Influência do fosfato das lamas residuais nas caraterísticas de hidratação do eco-cimento". *Journal of Hazardous Materials*, 168 (2-3), 1105-1110.

Lin, Y., Zhou, S., Li, F. e Lin, Y. (2012). "Utilização de lamas de esgoto municipal como aditivos para a produção de eco-cimento". *Journal of Hazardous Materials*, 213-214, 457-465.

LookChem (2014). "LookChem, procure produtos químicos em todo o mundo". *www.lookchem.com/products*.

Liu, C., Tang, Z., Chen, Y., Su, S., e Jiang, W. (2010). "Caracterização de carvões activados mesoporosos preparados por pirólise de lamas de depuração com pirolusite". *Bioresource Technology*, Vol. 101, No. 3, 1097-101.

Lu, G. Q. (1996). "Preparação e avaliação de adsorventes a partir de resíduos de materiais carbonáceos para a remoção de SOx e NOx". *Environmental Progress*, Vol. 15, No. 1, 12-18.

Mall, I. D., Srivastava, V. C. e Agarwal, N. K. (2006). "Removal of Orange-G and Methyl Violet dyes by adsorption onto bagasse fly ash-kinetic study and equilibrium isotherm analyses" [Remoção de corantes laranja-G e violeta de metilo por adsorção em cinzas volantes de bagaço - estudo cinético e análises de isotermas de equilíbrio]. *Dyes and Pigments*, 69(3), 210-223.

Malliou, O., Katsioti, M., Georgiadis, A. e Katsiri, A. (2007). "Propriedades de misturas estabilizadas/solidificadas de cimento e lamas de depuração". *Cement and Concrete Composites*, 29 (1), 55-61.

Martin, M. J., Serra, E., Ros, A., Balaguer, M. D. e Rigola, M. (2004). "Adsorventes carbonosos de lamas de depuração e sua aplicação num tratamento combinado de lamas activadas-carvão ativado em pó (AS-PAC)". *Carbon*, 42 (7), 1389-1394.

Minocha, A. K., Jain, N. e Verma, C. L. (2003a). "Effect of inorganic materials on the solidification of heavy metal sludge" [Efeito de materiais inorgânicos na solidificação de lamas de metais pesados]. *Cement and Concrete Research*, 33, 1695-1701.

Minocha, A. K., Jain, N. e Verma, C. L. (2003b). "Effect of organic materials on the solidification of heavy metal sludge" [Efeito de materiais orgânicos na solidificação de lamas de metais pesados]. *Construction and Building Materials*, 17, 77-81.

Moghaddam, S. S., Moghaddam, M. R. A. e Arami, M. (2010). "Decoloração de corante ácido de águas residuais sintéticas por lamas de estação de tratamento de água". *Jornal Iraniano de Ciências e Engenharia da Saúde Ambiental*, Vol-7, No-5, 437- 442.

Monsalvo, V. M., Mohedano, A. F. e Rodriguez, J. J. (2011.) "Activated carbons from sewage sludge". *Desalination*, Vol. 277, No. 1-3, 377-382.

Monzo, A., Paya, J., Borrachero e Cocoles, A. (1996). "Utilização de cinzas de lamas de depuração (SSA) - aditivos de cimento em argamassas". *Cement and Concrete Research*, Vol-26, No-9, 1389-1398.

Muduli, S. D., Raut, P. K., Pany, S., Mustakim, S. M., Nayak, B. D., Mishra, B. K., (2010). "Processo inovador na fabricação de tijolos de construção de ajuste a frio a partir de resíduos de mineração e industriais". *O projeto "The Indian Mining and Engineering*

Revista, 49 (8), 127-130.

Mun, K. J. (2007). "Desenvolvimento e ensaios de agregados leves utilizando lamas de depuração para betão não estrutural". *Construção e Materiais de Construção*, 21, 1583-1588.

Naik, T.R. e Ramme, B.W. (1990). "Effects of High- Lime Fly Ash Content on Water Demand, Time of Set, and Compressive Strength of Concrete", *ACI Materials Journal*, Vol. 87, No. 6, , 619-627.

Ncibi, M. C., Mahjoub, B. e Seffen, M. (2007). "Remoção por adsorção de corante reativo têxtil utilizando biomassa fibrosa de Posidonia oceanica (L.)". *Revista Internacional de Ciência e Tecnologia Ambiental,* Vol. 4, No. 4, 433-440.

Nesseris, G. K. e Stasinakis, A. S. (2009). "Utilização de sistemas de lamas activadas - carvão ativado em pó (AS-PAC) para o co-tratamento de águas residuais municipais e de lagares de azeite". *Actas de 11th conferência internacional sobre Ciência e Tecnologia Ambiental, Chania. Creta, Grécia*, 669-675.

Neville, A. M. (1995). "Propriedades do betão". *Pitman Books Limited*, Londres, Inglaterra.

Newbolt, S . A. e Olek, J. (2001). "A influência das condições de cura nas propriedades de resistência e no desenvolvimento da maturidade do betão". *Resumo técnico,* Transferência de Tecnologia e Informação sobre a Implementação de Projectos

Ng, C., Losso, J. N., Marshall, W. E., e Rao, R. M. (2002). "Propriedades físicas e químicas de carvões activados à base de subprodutos agrícolas selecionados e sua capacidade de adsorver geosmina". *Bioresource Technology*, 84 (2), 177-185.

Okuno N. e Takahashi S. (1997). "Aplicação à escala real do fabrico de tijolos a partir de águas residuais". *Water Science Technology*, Vol 36, No 11, 243-250.

Orfaco, J. J. M., Silva, A. I. M., Pereira, J. C. V., Barata, S. A., Fonseca, I. M., Faria, P. C. C e Pereira, M. F. R. (2006). "Adsorção de um corante reativo em carvões activados quimicamente modificados - Influência do pH". *Journal of Colloid and Interface Science*, 296 (2), 480 - 489.

Ozmihci, S. e Kargi, F. (2005). "Comparação dos desempenhos de adsorção de lamas activadas em pó e carvão ativado em pó para a remoção de corante azul turquesa". *Process Biochemistry,* Vol. 40, No. 7, 2539-2544.

Ozmihci, S. e Kargi, F. (2006). "Utilização de lamas residuais em pó (PWS) para a remoção de corantes têxteis de águas residuais por adsorção". *Journal of Environmental Management*, 81, 307-314.

Pan, S. C., Lin, C. C. e Tseng, D. H. (2003a). "Reutilização de cinzas de lamas de depuração como adsorvente para a remoção de cobre de águas residuais". *Resources, Conservation and Recycling*, 39, 79-90.

Pan, S. C., Tseng, D. H., Lee, C. C. e Lee, C. (2003b). "Influência da finura das cinzas de lamas de depuração nas propriedades da argamassa". *Cement and Concrete Research*, 33, 1749-1754.

Pappu, A., Saxena, M. e Asolekar, S. R. (2007). "Geração de resíduos sólidos na Índia e seu potencial de reciclagem em materiais de construção". *Building and Environment*, 42, 2311-2320.

Pappu, A., Saxena. M. e Asolekar, S. (2011). "Waste to wealth - cross sector waste recycling opportunity and challenges". *Canadian Journal of Environmental, Construction and Civil engineering*, Vol-2, No-3, 14-23.

Patel, H. e Pandey, S. (2009). "Explorando o potencial de reutilização de lamas químicas de estações de tratamento de águas residuais têxteis na Índia - um resíduo perigoso". *American*

Journal of Environmental Sciences, 5 (1), 106-110.

Paya, J., Monzo , J.,.Borrachero, M. V., Morenilla, J. J., Bonilla , M. e Calderon , P. (*2004*). "Algumas estratégias de reutilização de resíduos de estações de tratamento de águas residuais: Preparação de materiais ligantes". *Conferência Internacional RILEM sobre a Utilização de Materiais Reciclados em Edifícios e Estruturas, Barcelona, Espanha*, 814-823.

Phuengprasop, T., Sittiwong, J. e Unob, F. (2011). "Remoção de iões de metais pesados por lamas de depuração revestidas com óxido de ferro". *Journal of Hazardous Materials, Vol.-* 186, No.-1, 502-507.

Associação do Cimento Portland (1991). "Solidificação e estabilização de resíduos utilizando cimento Portland". *Associação de Cimento Portland, 17, relatório, EUA.*

Raghunathan, T., Gopalsamy, P. e Elangovan, R. (2010). "Estudo sobre a resistência do betão com lamas de ETP da indústria de tingimento". *International Journal of Civil and Structural engineering*, Vol. 1, No.- 3, 379-389.

Rajput, D., Bhagade, S. S., Raut, S. P., Ralegaonkar, R. V. e Mandavgane, S. A. (2012). "Reutilização de algodão e reciclagem de resíduos de fábricas de papel como material de construção". *Construction and Building Materials*, 34, 470-475.

Ramadan, M. O., Fouad H. A. e Hassanain, A.M. (2008). "Reutilização de lamas de estações de tratamento de águas". *E.R.J- Faculdade de Engenharia de Shoubra*, (8), 1-5.

Reddy, S. S., Kotaiah, B. e Reddy, N. S. P. (2008), *"Colour pollution control in textile tyeing industry effluents using tannery sludge derived activated carbon"*. *Boletim - Sociedade Química da Etiópia*, 22 (3), 369-378.

Reddy, S. S., Kotaiah, B., Reddy, N. S. P. e Velu, M. (2006). "The removal of composite reactive dye from dyeing unit effluent using sewage sludge derived activated carbon" [A remoção de corante reativo composto de efluentes de unidades de tingimento utilizando carvão ativado derivado de lamas de depuração]. *Turkish Journal of Engineering and Environmental. Science*, 30, 367-373.

Rio, S., Le Coq, L., Faur, C., Lecomte, D. e Le Cloirec, P. (2006). "Preparação de adsorventes a partir de lamas de depuração por ativação a vapor para tratamento de emissões industriais". *Process Safety and Environmental Protection*, 84 (4), 258-264.

Rodriguez, N. H., Ramrez, S. M., Varela, M. T. B., Guillem, M. e Puig, J. (2010). "Reutilização de lamas de estações de tratamento de água potável (ETAP): Caracterização e comportamento tecnológico de argamassas de cimento com adições de lamas atomizadas". *Cement and Concrete Research*, 40, 778-786.

Rozada, F., Otero, M. e Garcia, A. I. (2005). "Carvões activados a partir de lamas de depuração e pneus fora de uso: produção e otimização". *Journal of Hazardous Materials*, B124, 181-191.

Rozada, F., Otero, M., Moran, A. e Garcia, A. I. (2008). "Adsorção de metais pesados em materiais derivados de lamas de depuração". *Bio Resource Technology*, 99, 6332-6338.

Sales, A., D'Souza, F. R. e Almeida F. C. R. (2011). "Propriedades mecânicas do concreto produzido com um compósito de lodo de estação de tratamento de água e serragem". *Construção e Materiais de Construção*, 25, 2793-2798.

Sales, A., D'Souza, F.R., Santos, W. N. D., Zimer, A. M. e Almeida, F. C. R. (2010). "Betão compósito leve produzido com lamas de tratamento de águas e serradura: propriedades térmicas e potencial aplicação". *Construção e Materiais de Construção*, 24, 2446-2453.

Segura, E., Colm-Cruz, a, Fall, C., Solache-Rws, M. e Balderas-Hernandez, P. (2009).

"Comparação da adsorção de Cd-Pb em carvão ativado comercial e material carbonoso de lamas de depuração pirolisadas em sistema de colunas". *Tecnologia Ambiental*, 30 (5), 455-461.

Sengupta, P., Saikia, N. e Borthakur, P. C. (2002). "Tijolos de lamas de estações de tratamento de efluentes petrolíferos: propriedades e caraterísticas ambientais". *Journal of Environmental Engineering*, Vol. 128, No. 11 (1), 1090-1094.

Senthilkumar, K., Sivakumar, V., e Akilamudhan, P. (2008). "Estudos experimentais sobre a eliminação de vários resíduos sólidos industriais". *Ciência Aplicada Moderna*, Vol- 2, No-6, 128-132.

Singh, M., e Garg, M. (2008). "Utilização de lamas de cal residuais como materiais de construção". *Journal of Scientific Industrial Research*, 6, 161-166.

Singh, S. P. e Murmu (2010). "Ecofriendly concrete using byproducts of steel industry" [Betão ecológico utilizando subprodutos da indústria siderúrgica]. http://dspace.nitrkl.ac.in/dspace/bitstream/2080/1316/1/ FINAL_Maritious.pdf.

Singhal, A., Prakash, S. e Tewari, V. K. (2007). "Trials on sludge of lime treated spent liquor of pickling unit for the use in the cement concrete and its leaching characteristics" [Ensaios sobre lamas de licor usado tratado com cal da unidade de decapagem para utilização em betão de cimento e suas caraterísticas de lixiviação]. *Building and Environment*, 42, 196-202.

Singhal, A., Tewari, V. K. e Prakash, S. (2008). "Utilização de lamas de licor usadas tratadas com cinzas volantes em cimento e betão". *Building and Environment*, 43, 991-998.

Smith, K. M, Fowler, G. D., Pullket, S., Graham, N. J. D. (2009). "Adsorventes à base de lamas de depuração: A review of their production, properties and use in water treatment applications" [Uma revisão da sua produção, propriedades e utilização em aplicações de tratamento de águas]. *Water Research*, 43, 2569-2594.

Sui, Z., Qiao, C., Zhao, X. e Qiang, X. (2000). "Application of Flyash-based Coagulant in Tanning Wastewater Treatment". http://www.aaqtic.org.ar/ congresos/china2009/download/2-5/2-196.pdf...

Swarnalatha, S., Arasakumari, M., Gnanamani, A., e Sekaran, G. (2006). "Solidificação/estabilização de lamas de curtume tóxicas tratadas termicamente". *Journal of Chemical Technology and Biotechnology*, Vol.- 1315, 1307-1315.

Tangchirapat, W., Saeting, T., Jaturapitakkul, C., Kiattikomol, K. e Siripanichgorn, A. (2007). "Utilização de cinzas residuais da indústria do óleo de palma em betão". *Waste Management*, 27, 81-88.

Tashiro, C., Takahashi, H., Kanaya, M., Hirakida, I. e Yoshida, R. (1977). "Propriedades de endurecimento da argamassa de cimento com adição de composto de metal pesado e solubilidade de metal pesado da argamassa endurecida". *Cement Concrete Research*, 7 (3), 283 - 290.

Tay, J. H. (1986). "Potential use of sludge ash as as construction material". *Recursos e Conservação*, 13, 53-58.

Tay, J. H. (1989). "Reclamation of wastewater and sludge for concrete making" [Recuperação de águas residuais e lamas para fabrico de betão]. *Recursos, Conservação e Reciclagem*, 2, 211-227.

Tay, J. H. e Show K. Y. (1992). "Utilization of municipal wastewater sludge as building and construction materials", *Resources, Conservation and Recycling*, 6, 191-204.

Tay, J. H., Chen, X. G., Jayaseelan, S. e Graham, N. (2001). "A comparative study of anaerobically digested and undigested sewage sludge in preparation of activated carbons",

Chemosphere, 44, 53-57.

Treyball, R. E. (1980). "Mass transfer operation", *Terceira edição*, Mc-Grawhill, Newyork.

Turkel, S. T., Glu, B. F. e Dulluc, S. (2007). "Influência de vários ácidos nas propriedades físico-mecânicas das argamassas de cimento pozolânico". *Actas da Academia* Sadhana *em Ciências da Engenharia*, 32 (6), 683-691.

Valls, S. e Vazquez, E. (2000). "Stabilization and solidification of sewage sludges with Portland Cement", *Cement and Concrete Research*, 30, 1671-1678.

Valls, S., Yague, A., Vazquez, E. e Mariscal, C. (2004). "Propriedades físicas e mecânicas do betão com lamas secas adicionadas de uma estação de tratamento de águas residuais". *Cement and Concrete Research*, 34, 2203-2208.

Victoria, A. N. (2013). "Caracterização e avaliação de desempenho de lamas de obras de água como material de tijolos". *Revista Internacional de Engenharia e Ciências Aplicadas*, 3(3), 69-79.

Viraraghavan, T. (1992). "Ash utilization in water quality management", *Reprints of artigos- American Chemical Society Division Fuel Chemistry*, 38, 3, 939-946.

Wang, X., Zhu, N. e Yin, B. (2008). "Preparação de carvão ativado à base de lamas e sua aplicação no tratamento de águas residuais de corantes", *Journal of hazardous Materials*, 153, 22-27.

Wen, Q., Li, C., Cai, Z., Zhang, W., Gao, H., Chen, L. e Zhao, Y. (2011). "Estudo sobre o carvão ativado derivado de lamas de depuração para adsorção de formaldeído gasoso". *Bioresource Technology*, 102(2), 942-947.

Wen, W. P., Tow, T., e Mohtlzain, Z. (1993). "Remoção de Corante Disperso e Corante Reativo por Coagulação - Método de Floculação". *Universidade de Ciências*, Malásia, 264-269.

Weng, C., Lin, D., e Chiang, P. (2003). "Utilização de lamas como materiais de tijolo". *Avanços na Investigação Ambiental 7*, 679-685.

Wiesbusch B. e Seyfried C.F. (1997), "Utilization of sewage sludge ashes in the brick and tile industry", *Water Science Technology,* Vol 36, No 11, 251-258.

Wu, C. H., Lin, C. F. e Horng, P. Y. (2004). "Adsorção de iões de cobre e chumbo em lamas regeneradas de uma estação de tratamento de água", *Journal of Environmental. Science and Health, Part A*, Vol. 39, No. 1, 237-252.

Yague, a., Valls, S., Vazquez, E. e Albareda, F. (2005). "Durabilidade do betão com adição de lamas secas de estações de tratamento de águas residuais". *Cement and Concrete Research*, 35(6), 1064-1073.

Yao, H., Shen, Y., Yuan, X., e Zhou, Y. M. (2010). "Estudo sobre a Adsorção de Gatifloxacina por Carvão Ativado de Lamas". *4ª Conferência Internacional sobre Bioinformática e Engenharia Biomédica*, 1-5.

Yazici, §., e Arel, H. §. (2012). "Efeitos da finura das cinzas volantes nas propriedades mecânicas do betão". *Sadhana - Acções da Academia em Ciências de Engenharia*, 37(3), 389-403.

Yi, O. C., e Peng, C. (2003). "Solidification of Industrial Waste Sludge with Incineration Fly Ash and Ordinary Portland Cement", *School of Civil and Environmental Engineering*, http://www3.ntu.edu.sg/eee/urop/congress2003 /Proceedings/abstract/NTU_CEE/Ong%20Chuon%20Yi.pdf,1-4.

Yu, L. e Zhong, Q. (2006). "Preparação de adsorventes feitos de lamas de depuração para adsorção de materiais orgânicos de águas residuais". *Journal of Hazardous Materials,* Vol.

137, No. 1, 359-66.

Yun, C.C. e Yi, Z. Y. (2009). "Adsorbent derived from sewage sludge and its application in dye waste water treatment" [Adsorvente derivado de lamas de depuração e sua aplicação no tratamento de águas residuais com corantes], *3rd International Conference on Bioinformatics and Biomedical Engineering*, 1-4.

Zhang, J., Liu, J., Li, C., Nie, Y. e Jin Y. (2008). "Comparação da fixação de metais pesados em matérias-primas, clínquer e argamassa utilizando um procedimento de extração sequencial BCR e o teste NEN7341". *Cement Concrete Resources*,38, 675-80.

Zhao, Y., Zhang, L., Ni, F., Xi, B., Xia, X., Peng, X. e Luan, Z. (2011). "Avaliação de um novo coagulante inorgânico composto preparado por lama vermelha para a remoção de fosfato", *Desalination*, Vol. 273, No. 2-3, 414-420.

Zhou, J., Li, T., Zhang, Q., Wang, Y., e Shu, Z. (2013). "Utilização direta de lamas de esgoto para preparar telhas divididas". *Ceramics International*, 39(8), 91799186.

Zhou, Y. F. e Haynes, R. J. (2010). "Remoção de Pb(II), Cr(III e Cr(VI)) de soluções aquosas utilizando lamas de tratamento de água derivadas de alúmen". *Water, Air and Soil Pollution*, 215(1-4), 631-643.

Zonoozi, M. H., Reza, M., Moghaddam, A., e Arami, M. (2008). "Remoção do corante vermelho ácido 398 de soluções aquosas por processo de coagulação / floculação." *Environmental Engineering And Management Journal*, 7(6), 695-699.

APÊNDICE-I
CÁLCULOS DE CONCEPÇÃO DE MISTURAS DE BETÃO
EXEMPLOS DE CÁLCULOS PARA A CONCEPÇÃO DE MISTURAS - CLASSE M25

1)   Avaliação da força média do alvo -

Força média do alvo = fck + 1,65 x Desvio padrão

Desvio-padrão = 4   *[De BIS:10262 (2009) Tabela 1/Pg.2]*

Resistência média pretendida = 25 + (1,65 x 4) = 31,6 MPa

2)   Avaliação do rácio água-cimento.

De acordo com BIS: 456 (2000) Quadro-5/ Pg. 20

Estado ligeiro.

Assumir o rácio W.C. = 0,47

3)   Teor de água de acordo com o quadro 2 *BIS:10262 2(2009)*

Para a dimensão máxima do agregado 20mm =186 Ltr

4)   Avaliação do teor de cimento

Cimento = 186 / 0,47 = 396 Kg/ m^3

5)   Avaliação do agregado grosso

De acordo com BIS:10262 (2009) tabela 3 /pg.3

Volume de agregado grosso por unidade de agregado total = 0,62

8)   Avaliação do agregado fino

Agregado total = 1- [(186/1000)-(396/3,15) x (1/1000)] =1-(0,186-0,118) = 0,686 m^3

9)   Avaliação do agregado grosso e do agregado fino

Agregado grosso = 0,696 x 0,62 = 0,427 m^3

Agregado fino = 0,693 - 0,43 = 0,261 m^3

10) Avaliação do material

Cimento = 396 kg/m^3

Agregado grosso = 0,427 x 2,8 x 1000 =1195,6

Agregado fino = 0,266 x 2,68 x 1000 = 736

Água = 186 Lit.

11) 2,2% de absorção de água para o agregado grosso

Reduzir o peso do agregado grosso em 2,2%

Peso do agregado grosso = 1195,6 - [(2,2/100)x1195,6] = 1169,29 kg/ m3

Aumentar a água em = 2,2%

Água adicional = 186 x (2,2/100) = 4,09 litros

12) Peso final do material

Cimento = 396 kg/m^3

Agregado grosso =1196 kg/m^3

Agregado fino = 736 kg/m^3

Água = 186 + 4,09 = 190,1 litros.

(Nota: - A água adicionada para absorção de água não deve ser considerada para o cálculo do cimento).

APÊNDICE-II
ISOTÉRMICAS DE ADSORÇÃO

A quantidade de corante adsorvida por unidade de adsorvente (mg de corante por g de adsorvente) foi calculada de acordo com a seguinte equação

qe = (c_i - c_e) V / W   eq.A1

Onde,

C_i= concentração inicial do corante (mg/L)

C_e= concentração de equilíbrio do corante (mg/L)

V= Volume da solução do reator (L)

W= peso do adsorvente (dose) (mg)

A percentagem de remoção (%) dos corantes foi calculada utilizando a seguinte equação:

Remoção de corante (%) = (c_i - c_e) x 100 / c_i   eq.A 2

As seguintes formas linearizadas de Langmuir (Tipo II) e Freundlich são utilizadas para os dados experimentais

$1/q_e = (1/bq_m)(1/C_e) + (1/q_m)$ Forma linearizada de Langmuir   eq. A3

logq_e = log Kf +1/n(log c_e)   Forma linearizada de Freundlich eq. A4

Onde, q_e= quantidade de corante adsorvido por unidade de peso do adsorvente no equilíbrio (g/g ou mg/g)

C_e= Concentração de equilíbrio do corante que permanece na solução quando a quantidade adsorvida é igual a q_e

K_f= Constante de Freundlich (mg/g) (L/g)1/n

b=Constante de Langmuir (L/mg)

q_m = capacidade máxima de adsorção (mg/g)

A fim de prever a eficiência de adsorção das cinzas de lamas de fábricas têxteis, o parâmetro de equilíbrio sem dimensão RL é determinado utilizando a seguinte equação

RL = 1 / (1 + b c_i)   eq.A5

RL= Parâmetro de equilíbrio sem dimensão

O parâmetro RL indica a forma da isotérmica. O processo é irreversível se RL for igual a 0, favorável se RL for inferior a 1, linear se RL for igual a 1 e desfavorável se RL for superior a 1.

yes
I want morebooks!

Buy your books fast and straightforward online - at one of world's fastest growing online book stores! Environmentally sound due to Print-on-Demand technologies.

Buy your books online at
www.morebooks.shop

Compre os seus livros mais rápido e diretamente na internet, em uma das livrarias on-line com o maior crescimento no mundo! Produção que protege o meio ambiente através das tecnologias de impressão sob demanda.

Compre os seus livros on-line em
www.morebooks.shop

Printed by Books on Demand GmbH, Norderstedt / Germany